PASSÉ AU FUTUR / PAST TO FUTURE

LA GRANDE CARRIÈRE WINCQZ

AUTEURS DE PROJET /
PROJECT AUTHORS
Patrick Bribosia
Isabelle Toussaint
Matteo Robiglio

PHOTOGRAPHIES /
PHOTOGRAPHY
Marie-Noëlle Dailly

PRISME
EDITIONS

Avant-Propos

Chaque projet d'architecture est intrinsèquement spécifique, et ce du fait de son site, de son contexte et de son programme. Certains projets offrent parfois la possibilité d'explorer des questions beaucoup plus générales, en particulier quand ils investissent des lieux emblématiques, où il convient d'interpréter des conditions récurrentes, aborder des sujets d'actualité ou faire l'expérience de solutions reproductibles.

C'était le cas de la Grande Carrière Wincqz à Soignies qui incarne un lieu emblématique du passé industriel belge, voire européen, où pouvaient se dessiner des potentialités. Un lieu où ce patrimoine industriel typique a été réaménagé et nourri de nouvelles ambitions, à la fois sociales et environnementales, le tout grâce à des interventions minimes qui allient transformation et préservation.

Ce livre retrace l'expérience concrète des architectes qui cherchaient à inscrire un passé dans le futur. Les photographies de Marie-Noëlle Dailly en présentent d'abord les résultats. Ensuite, un essai historique et théorique de l'architecte Matteo Robiglio qui raconte l'analyse des lieux, en évoque le poids historique et décrit le projet de conversion de la Grande Carrière Wincqz en site de formation aux techniques de la pierre, dans un souci de continuité culturelle. Il ouvre ainsi un débat plus large sur l'avenir du patrimoine et sur son rôle, en relation avec les tendances émergentes de la préservation. En dernière partie, les images et documents collectés par l'architecte Isabelle Toussaint au cours du processus de reconstruction et grâce auxquels, elle illustre la transformation de ce qui avait vocation à être préservé. C'est ainsi qu'elle fait apparaître l'évolution du site comme une renaissance des lieux, dans un processus collectif de (re)création de sens.

À la mémoire de Jean-Franz Abraham (1949-2021),
Maître de carrière, et à tous les protagonistes
du passé et du futur de ce lieu.

Foreword

Every architectural project is specific, intrinsically linked to its site, context and programme. Occasionally, certain projects provide an opportunity to explore more general questions, particularly when these involve emblematic locations, where interpreting recurring situations, addressing topical issues and experimenting with reproducible solutions are essential.

This was the case with the Grande Carrière Wincqz in Soignies: a place that epitomises Belgium's — and indeed Europe's — industrial past, and which showed every potential. Its typical industrial heritage has been redeveloped with new ambitions, both social and environmental, through minimal intervention that combines transformation and preservation.

This book traces the experience of the architects who have sought to inscribe the past in the future. In the first part, Marie-Noëlle Dailly's photographs presents the results of the work. In the second, architect Matteo Robiglio's historical and theoretical essay recounts the analysis of the site, reconstructs its historical past and describes the project that brought about the conversion of the Grande Carrière Wincqz into a training centre for stonework techniques, thus ensuring a cultural continuity. His discussion then opens up to a more general debate on the future of heritage and its role, in the light of emerging trends in preservation. In the final part, architect Isabelle Toussaint's collection of pictures and diagrams illustrates the reconstruction process and the transformation of what was earmarked for preservation. Through these, she demonstrates how the site underwent a form of 'rebirth', a renaissance, in a collective process that (re)creates meaning.

To the memory of Jean-Franz Abraham (1949-2021),
Master quarryman, and to all those, past and future,
who have made this place what it is today.

DIAGRAMME D'ENSEMBLE / OVERALL DIAGRAM

AVANT / BEFORE

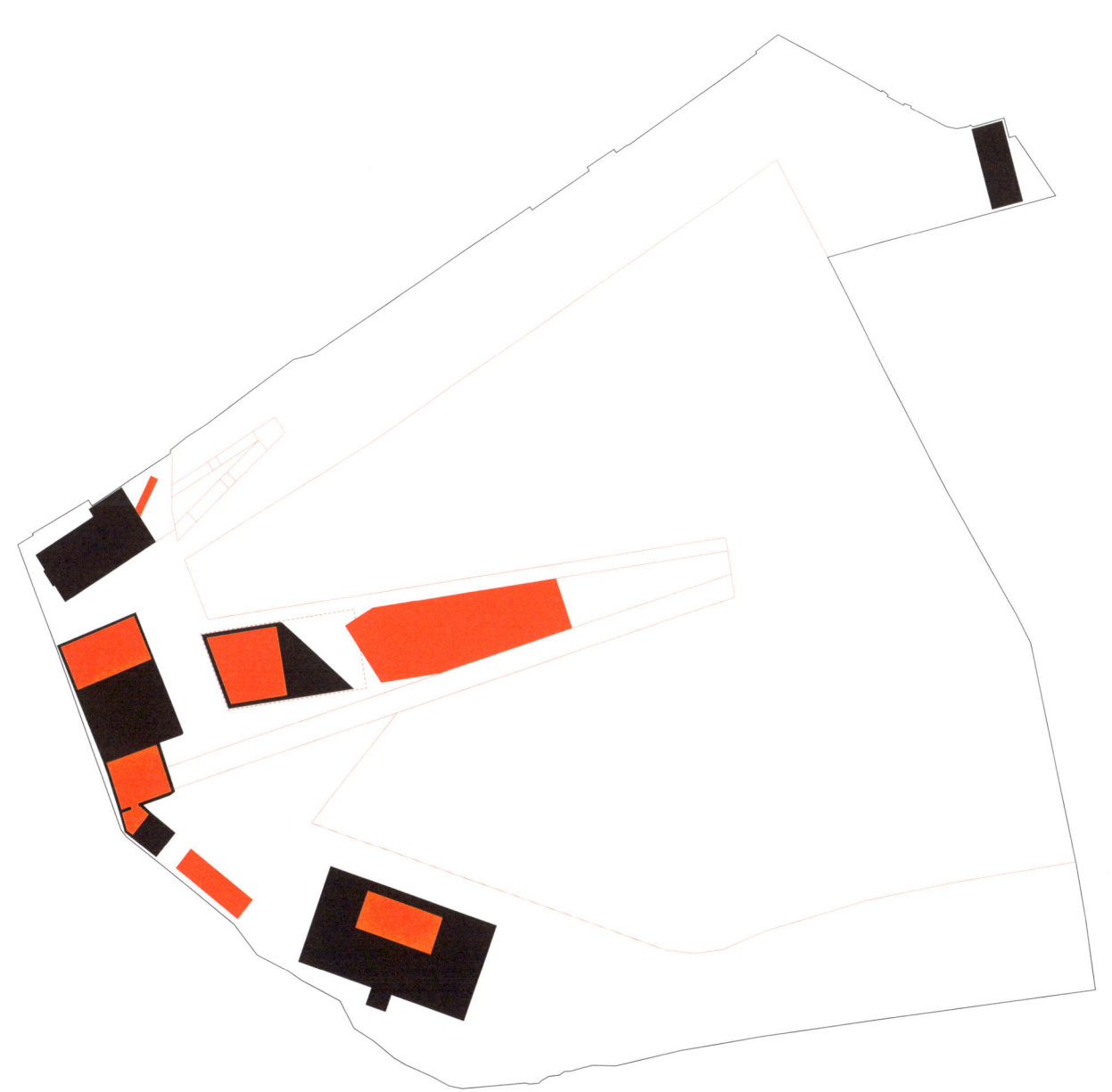

APRÈS / AFTER

PATRIMOINE EXISTANT / EXISTING HERITAGE

A   Grande Scierie / Great sawmill
B   Bureaux / Offices
C   Forge et menuiserie, pavillon du treuil / Forge and Carpentry workshop, Winch pavillion
D   Magasin à clous et à huile / Nail and oil store
E   Abords / Site

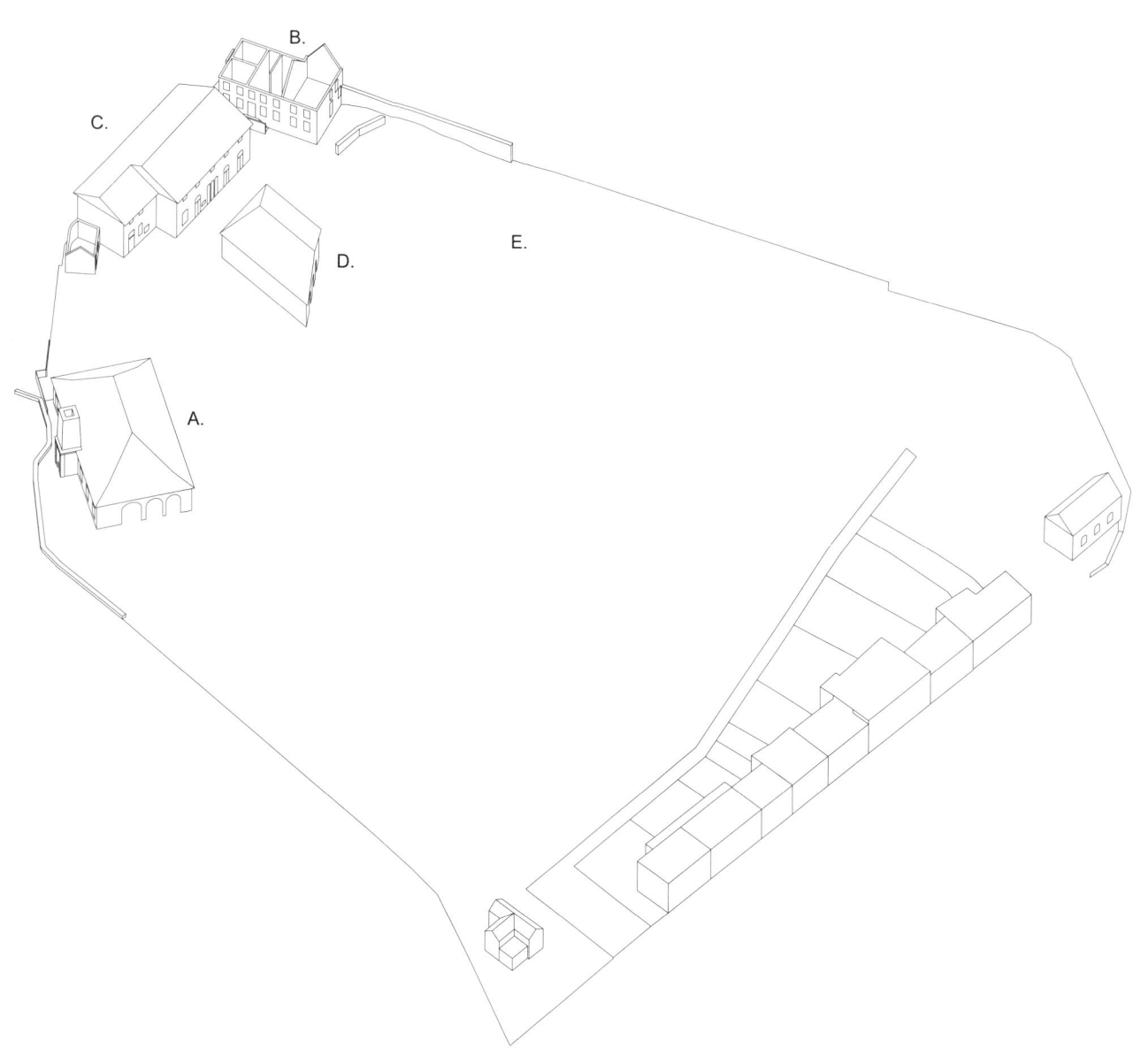

AVANT / BEFORE

INTERVENTIONS CONTEMPORAINES /
CONTEMPORARY INTERVENTIONS

1. *Boîte* classes et services / Classes and services *box*
2. Appentis / Lean-to
3. Escalier et rampe / Stairs and ramps
4. Ligne du treuil / Winch line
5. Boite cafeteria / Cafeteria box
6. Toiture préau en pixel / Pixel roofing
7. Nouveaux ateliers / New workshops
8. Fosse pédagogique / Pedagogical pit

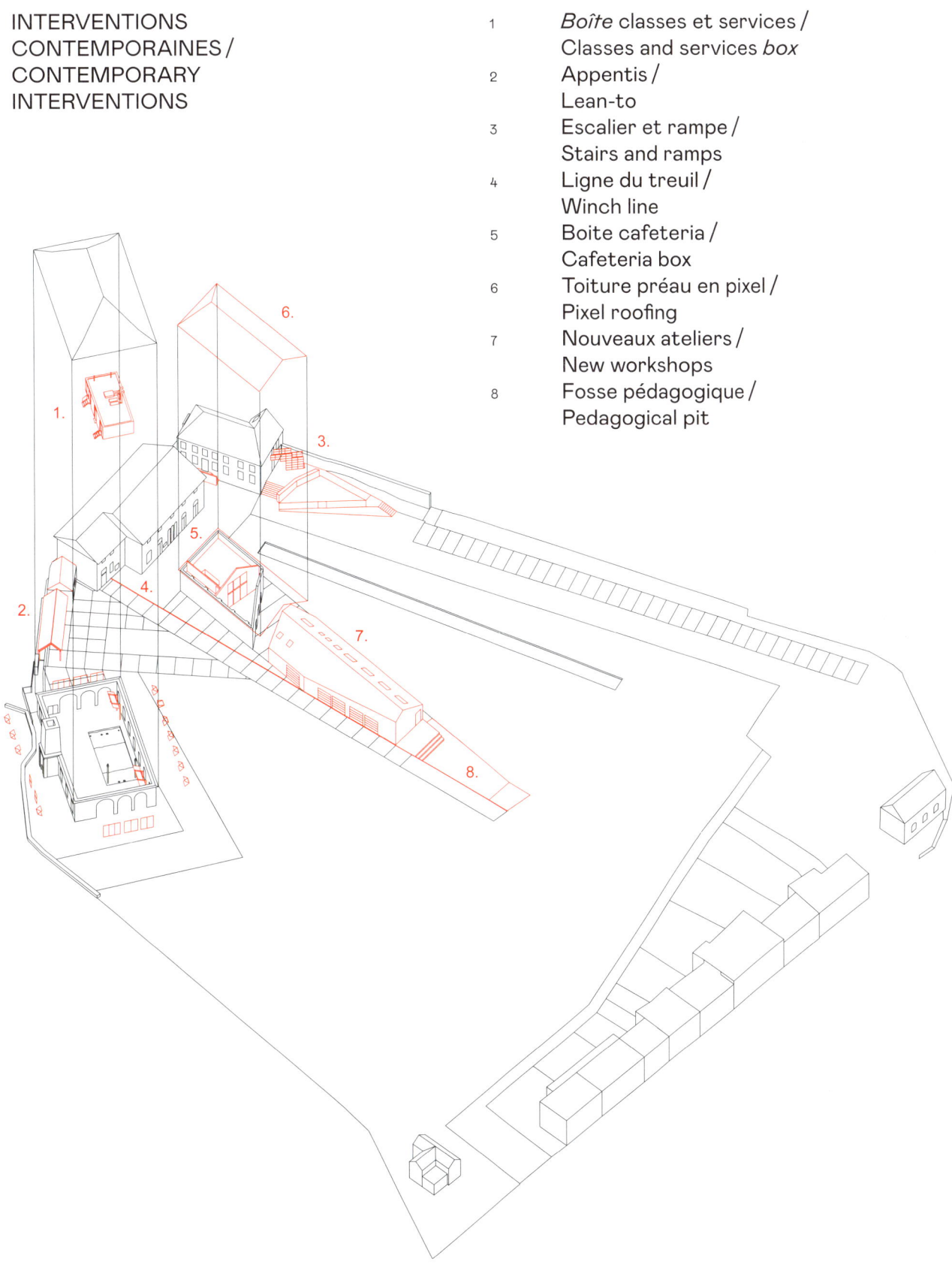

APRÈS / AFTER

17-72　Photographie /
Photography
Marie-Noëlle Dailly

A　Grande Scierie, appentis /
Great sawmill, lean-to

B　Bureaux /
Offices

C　Forge et menuiserie,
pavillon du treuil /
Forge and Carpentry workshop,
Winch pavillion

D　Magasin à clous et à huile,
nouveaux ateliers /
Nail and oil store,
new workshops

E　Abords /
Site

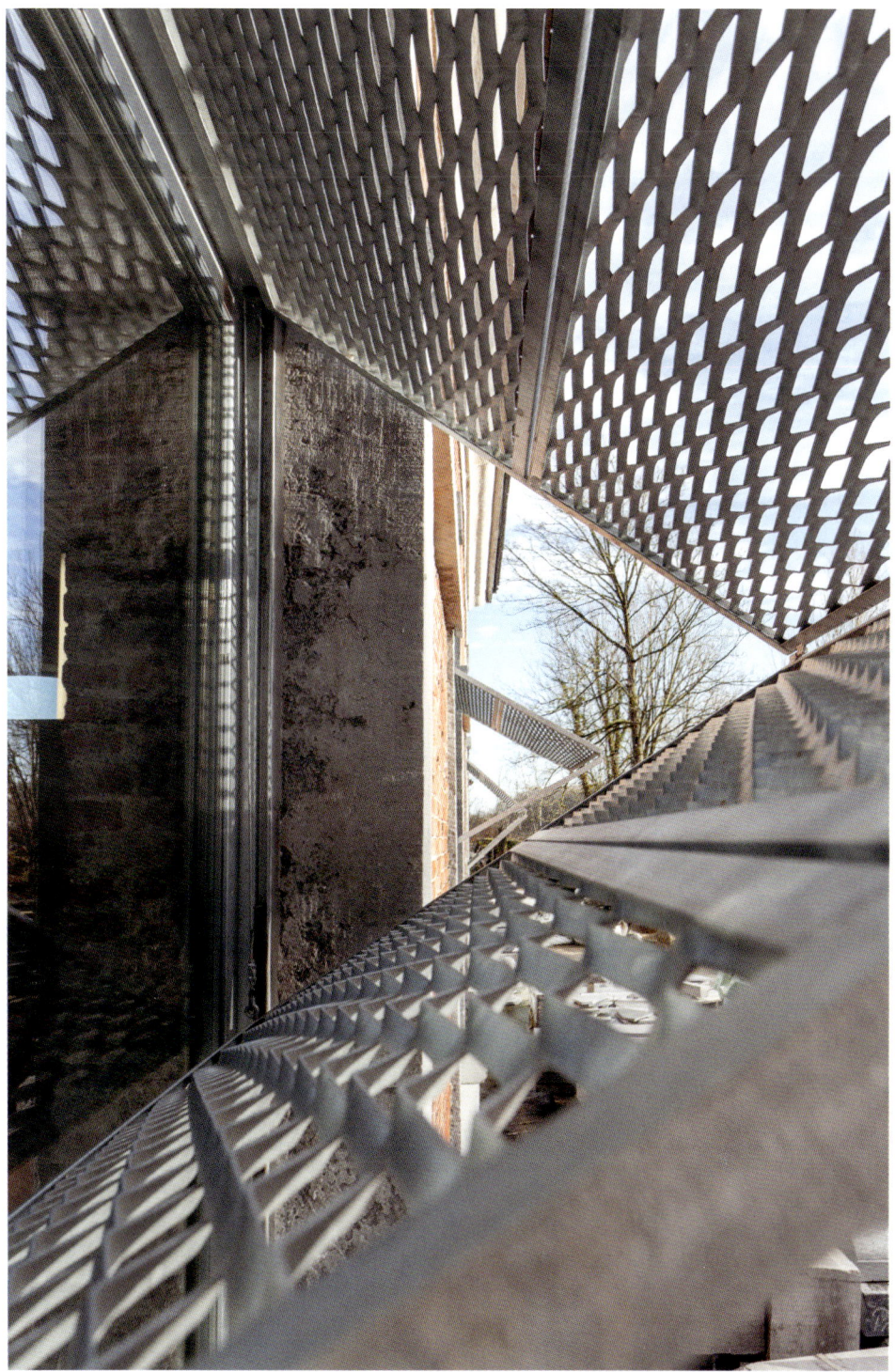

A

A

c

D

PASSÉ AU FUTUR

LA PRÉSERVATION TRANSFORMATIVE
DU SITE INDUSTRIEL
DE LA GRANDE CARRIÈRE WINCQZ

Matteo Robiglio

PARTIE I.
LE FUTUR DANS LE PASSÉ

*Comment pouvons-nous
nous consacrer au passé ?
Et non pas à l'avenir ?
Ou plutôt à l'avenir
Et non pas au passé ?*
(T.S. Eliot, La réunion de famille,
partie II, scène 1 ; 1939)[1]

1. ELIOT, T.S., *The Family Reunion*. New York, Harcourt, Brace & World, 1939. Version en ligne https://archive.org/details.
2. JADOT, H., « André Dumont, Carnets de notes servant à établir la carte géologique », 1837-1857, 20 carnets (Liège, Bibliothèques ULiège, Ms 587-617) et *Carte géologique de la Belgique et des contrées voisines représentant les terrains qui se trouvent au-dessous du limon hesbignon et du sable campinien*, [échelle 1:800,000], 48 x 56 cm, Établissement géographique de Bruxelles, 1853 (Liège, Bibliothèques ULiège), dans OGER, C., SIMON, S. et THIRION, P. (dir.), *Empreintes. Patrimoine écrit, témoin de l'Histoire*, Liège, Presses universitaires de Liège, 2018, pp. 140-141.
3. L'ouvrage de référence sur l'industrialisation de la Belgique demeure LEBRUN, P., BRUWIER, M., DHONDT, J. et HANSOTTE, G., *Essai sur la révolution industrielle en Belgique 1770-1847*, Bruxelles, Palais des Académies, 1979. Pour un résumé critique des dernières approches de la recherche, voir VERLEY, P., « Encore l'industrialisation belge au XIXe siècle : à propos de quelques travaux récents », dans *Revue d'histoire du XIXe siècle*, vol. 31, 2005. Les années décisives qui ont précédé la sécession sont décrites pour la première fois dans DEMOULIN, R., *Guillaume Ier et la transformation économique des Provinces belges (1815-1830)*, Liège-Paris, Librairie Droz, 1938.
4. ANCEAU, A., PRESTIANNI, C., HATERT, F. et DENAYER, J., « Les sciences géologiques à l'Université de Liège : deux siècles d'évolution. Partie 1 : de la fondation à la Première Guerre mondiale », *Bulletin de la Société Royale des Sciences de Liège*, vol. 86, Actes de colloques, Deux siècles de sciences à l'Université de Liège, 2017, pp. 27-101.

1. Potentiel

Ill. 01. [→ pp. 102-103] Extrait et interprétation graphique, *Carte géologique de la Belgique et des contrées voisines représentant les terrains qui se trouvent au-dessous du limon hesbignon et du sable campinien*, André Hubert Dumont, [échelle 1:800,000], 48 x 56 cm, Établissement géographique de Bruxelles, 1853.

Une zone bleu clair parcourt la *Carte géologique de la Belgique et des contrées voisines* établie par André Hubert Dumont en 1849 à une échelle de 1:800,000. Très colorée, cette carte au format 48 x 56 cm est la première représentation scientifique complète du sous-sol belge, résultat d'un travail individuel ininterrompu de 16 ans[2]. Mandaté en 1836 par le roi Léopold Ier pour tracer une carte géologique de référence de la Belgique, le jeune Dumont, âgé de 27 ans, et récemment titulaire de la prestigieuse chaire de minéralogie et de géologie de l'université de Liège que lui a confiée le ministère des Affaires étrangères, arpente près de 90,000 km à pied et procède à 20,917 relevés. Dès son intronisation en juillet 1831, le roi Léopold Ier envisage un avenir industriel ambitieux pour le petit royaume nouvellement formé, dans la lignée des mesures économiques introduites par Guillaume Ier des Pays-Bas avant que la révolution belge de 1830 ne débouche sur la sécession des provinces du Sud[3]. La mission confiée à Dumont, fils d'un ingénieur charbonnier, transcende la curiosité scientifique et s'inscrit dans une logique et une stratégie géopolitique où le charbon constitue le plus important fondement de la souveraineté.

Dumont écume les champs du Hainaut à la recherche d'indices révélant la présence de veines de charbon exploitables. La bande bleu clair de la carte, nommée, système condruzien, par Dumont en référence au nom de la région du Condroz, représente les roches calcaires répertoriées parmi les sols, anthracifères. Tel est le véritable objet de sa mission, qui vise explicitement à cartographier les sols « avec houille »[4].

Bien que les roches dissimulées sous la bande bleu clair de la carte de Dumont ne recèlent pas de charbon pouvant aider le roi Léopold Ier à concrétiser ses ambitions, elles ont été excavées, déterrées, travaillées et commercialisées durant des siècles. Les maçons chargés d'ériger la cathédrale Notre-Dame de Tournai (construction du XIe au XIIIe siècle) et la collégiale de Soignies (construction aux XIe et XIIe siècles) — et bien avant eux, leurs ancêtres romains — étaient conscients des nombreuses possibilités d'application de la pierre locale, le « petit granit » ou « pierre bleue », extraite très précocement dans la région de Tournai et plus tard dans le bassin de la Senne autour d'Écaussinnes, Seneffe et Feluy. Cette roche calcaire compacte, formée il y a 350 millions d'années, est dure mais se laisse travailler avec des outils en acier et, plus important, résiste à l'eau et au gel.

La présence de cette pierre — idéale pour sculpter de magnifiques fonts baptismaux romans, des encadrements de fenêtres gothiques, de solides fondations, ainsi que de robustes quais, digues et écluses – a façonné l'architecture et les paysages du nord de la France, du sud de l'Angleterre, de la Belgique et des Pays-Bas depuis l'Antiquité, et sa soumission aux outils aciérés a permis la création des courbes sensuelles de l'Art nouveau[5].

Bien qu'elle ne soit pas aussi indispensable que le charbon, la pierre qui gît sous le paysage légèrement ondulé de la campagne de Soignies offre un vaste potentiel. Comme c'est le cas pour toute autre substance précieuse ensevelie dans la terre, cette pierre a de nombreux intérêts, qu'ils soient économiques, mécaniques ou bien culturels. Son extraction requiert une organisation de moyens, de main-d'œuvre et de machinerie. Dans ce but, science, architecture, ingénierie, organisation, travail et finances seront mobilisés à partir du début du XIXe siècle, de différentes manières et à une échelle sans précédent.

5. CAMERMAN, Ch., *La Pierre de Tournai. Son gisement, sa structure et ses propriétés, son emploi actuel* et ROLLAND, P., « La Pierre de Tournai. Son emploi dans le passé », *Mémoires de la Société belge de Géologie de Paléontologie et d'Hydrologie*, nouvelle série, nos 1-1944.

2. Extraction

Ill. 02. [→ pp. 104-105] Extrait et interprétation graphique, *Plan d'une partie des Carrières de Soignies, relative à la réclamation du Sieur Simon Baatard contre la construction d'un pont sur la Senne*, 1839, Pôle de la Pierre, Soignies.

Nous devons la réalisation de cette carte à un contentieux entre deux entrepreneurs voisins au sujet de la construction d'un pont enjambant la Senne, un petit cours d'eau qui devient plus au nord le fleuve au bord duquel s'est développée la ville de Bruxelles. Elle sera établie d'après un relevé effectué par un ingénieur en chef du service régional des Ponts et Chaussées et datée de juin 1839. La carte reprend des infrastructures tels que des cours d'eau, des routes, des ponts et des bâtiments, tout en définissant les carrières et en inventoriant leurs propriétaires. Elle illustre la complexe imbrication de la propriété, des ressources et de la topographie du premier secteur d'extraction de Soignies et d'Écaussinnes, où les terres, recouvrant la veine de pierre bleue qui court au sud de la ville, sont morcelées par des routes et des cours d'eau portant chacun le nom du propriétaire des exploitations qu'elles alimentent et traversent.

La pierre est extraite en dégageant les strates supérieures du sol et en creusant un trou qui révèle la veine inclinée vers le sud et dans laquelle sont découpés les blocs de pierre. Comme le filon se loge sous la nappe phréatique, il est indispensable de pomper cette dernière afin de maintenir la zone d'extraction au sec. La carte restitue fidèlement l'empreinte circulaire caractéristique des moulins à vent affectés à cette tâche et à un drainage fiable. L'extraction de la pierre exige une artificialisation toujours plus grande du paysage, avec la destruction de toute la végétation, à l'exception des jardins des propriétaires et des ouvriers, ainsi que l'élargissement, le nivellement et parfois le pavage des cours d'eau naturels, voire leur recouvrement, jugés essentiels pour favoriser l'accès et la circulation autour des sites de production.

Il est fort probable que le « sieur » Baatard attaquait son voisin et concurrent Wincqz pour avoir fait voûter la Senne en 1837 – date que l'on peut toujours lire sur la clé de voûte surplombant l'embouchure du canal couvert –, ce qui eut pour conséquence d'inonder sa propriété et son trou (« dans la nuit du 22 au 23 février 1839 »). En observant les trous emplis d'eaux noires et profondes encore visibles dans la région, il est facile de mesurer les conséquences des inondations sur les affaires de Baatard et de comprendre son courroux.

6. VAN BELLE, J.-L., «Une dynastie de carriers: les Wincqz XVIᵉ-XXᵉ siècles», *Bulletin de la Société belge de Géologie*, tome 102 (3-4), 1993, pp. 277-281.
7. Voir https://www.pierrebleuebelge.be/a-propos-de-nous/notre-histoire/.
8. BAGUET, L., *Frédéric-Simon Baatard, Maître de carrière à Soignies (1786-1852)*, Annales du Cercle Archéologique du Canton de Soignies, tome XXVIII, 1972-1973.
9. Une nouvelle impression tirée de l'original conservé à la Bibliothèque centrale de la Katholieke Universiteit de Leuven a été publiée en 1995 sous la direction de VAN DER HERTEN, B., ORIS, M. et ROEGIERS, J., *La Belgique industrielle en 1850 : deux cents images d'un monde nouveau*, Deurne-Anvers, Belfius – Dexia. La planche consacrée à la Grande Carrière Wincqz, numérotée 218, n'apparaît pas dans la réimpression et n'est pas non plus citée dans l'index de l'original reproduit, où l'industrie de la pierre bleue est représentée par la *Carrière de Pierre Bleue de Madame Huart* (planche 88) et *les Carrières de Pierre Bleue de MM. Simon et Pierre Baatard frères* (planche 116), toutes deux implantées à Écaussinnes.

La carte fait état de nombreux trous et du nom de leurs propriétaires, dont certains ont exercé leurs activités durant des décennies, voire des siècles. Si la famille Wincqz[6] s'est installée à Soignies vers 1720, elle exerçait déjà le commerce et l'extraction de la pierre bleue à Feluy, à quelques kilomètres à l'est. L'entreprise familiale Wincqz est donc restée au centre de l'industrie de la pierre au fil de ses différentes évolutions. Devenue en 1888 *Société Anonyme des Carrières et de la Sucrerie Pierre-Joseph Wincqz*, l'entreprise reste en activité sur ce site et sur d'autres chantiers après sa fusion avec les carrières du Clypot en 2000. Celles-ci ont été inaugurées en 1898 à Neufville par Hector Heremans[7]. D'autres, parmi lesquels Baatard[8], né en Suisse dans le canton de Vaud en 1776, jouèrent un rôle non négligeable dans l'industrie ; sa carrière fut vendue à la famille Gauthier en 1875 avant de fusionner avec le groupe Wincqz en 1935.

Les lignes abstraites qui représentent les trous, bâtiments et infrastructures forment une sténographie simplifiée à l'intention de lecteurs avertis. Au-delà de cette abstraction, il faut imaginer une carrière grouillante de vie et d'activités. En effet, les nombreuses opérations liées à la transformation des blocs de pierre en artefacts commercialisables et transportables étaient exécutées à l'intérieur de la carrière.

Ce trou était donc à la fois une mine et une usine. Durant des siècles, cette entreprise à ciel ouvert a été principalement alimentée par le labeur animal et la main-d'œuvre humaine, renforcée à chaque fois que cela était possible par l'utilisation astucieuse de la force hydraulique et éolienne. Toutefois, plutôt que de considérer cette carrière comme une unité de production à part entière, il faut l'appréhender comme une constellation de travailleurs et de petites équipes plus ou moins autonomes régis par un système original de production dans lequel chaque travailleur ou équipe se voyait confier une tâche, un objet ou un produit spécifique, et était payé à la pièce. Ces ouvriers travaillaient pour un seul client — le maître, propriétaire de la carrière — qui, après avoir dégagé le capital nécessaire pour démarrer l'extraction et entretenir ses infrastructures, supervisait et coordonnait les différents objectifs et la production des diverses équipes travaillant en autonomie sur le même chantier.

Au milieu du XIXᵉ siècle, ce monde multiple et morcelé se trouve révolutionné par un nouveau système de production qui le réorganise radicalement en structures plus importantes, homogènes et hiérarchisées — transformant l'atelier en usine — ce qui demande un apport croissant de capitaux et une dimension de plus en plus importante des exploitations. L'origine de la révolution industrielle de la pierre se déroule ici même, dans ce que l'on appellera plus tard la Grande Carrière Wincqz. Suite à ce tournant historique, l'échelle et la nature des choses allaient changer fondamentalement.

3. Organisation

Ill. 03. [→ pp. 106-107] Reproduction et interprétation graphique, *Vue d'ensemble de la Grande Carrière.* Dessin d'A. Canelle, publié par J. Géruzet dans *La Belgique industrielle*, Bruxelles, 1852.

Ce virage apparaît dans la gravure de 425 × 300 mm intitulée *Vue d'ensemble de la Grande Carrière*, réalisée pour la renommée collection *La Belgique industrielle*. Publiée en 1852 par l'éditeur bruxellois Jules Géruzet dans le but d'illustrer l'industrialisation du royaume[9], cette édition *in-folio* de deux tomes contenant 200 chromolithographies a été financée par 160 entreprises industrielles différentes. L'on peut aisément imaginer la fierté de Pierre Wincqz (1811-1877) lorsqu'il fut invité à rejoindre l'initiative de Géruz, et à participer à ce portrait de groupe d'une superpuissance industrielle mondiale en plein essor, tout juste vingt ans après la création du nouveau royaume. Nous connaissons le rôle décisif qu'il a joué pour moderniser l'industrie de la pierre au travers de ses différents mandats d'entrepreneur, d'investisseur, d'innovateur, de partisan de l'innovation et de politicien. Pierre Wincqz, connu comme étant un franc-maçon libéral, fut également conseiller municipal et provincial, échevin, bourgmestre, sénateur et membre de la Chambre de commerce, mais également promoteur et mécène d'initiatives à caractère caritatif, pédagogique et social[10].

Géruzet est conscient que chacun de ses souscripteurs espère un portrait fidèle, identifiable et représentatif de son entreprise. Dans son ensemble, et malgré le fait que plusieurs artistes aient réalisé les dessins, la collection fait preuve d'une grande unité de ton et de style, et met en valeur la Belgique en tant que nation industrielle. Le public s'attend à être surpris, mais veut aussi comprendre les spécificités de chaque entreprise. La technique retenue associe la perspective – technique éprouvée pour représenter l'espace – et l'axonométrie – le nouveau rendu tridimensionnel simplifié véhiculé par les dessins d'ingénierie. Cette hybridation judicieuse permet de représenter à la fois le paysage et les infrastructures (routes, voies navigables et chemins de fer) en soulignant leur rôle crucial de connecteurs logistiques permettant aux différents sites de production de se greffer à un réseau industriel national intégré. Simultanément, les architectures et les activités illustrent l'unité de l'ensemble au travers de détails précis[11].

Adrien Canelle, le principal collaborateur de Géruzet[12], adopte cette technique et propose une représentation analytique des principales activités exercées sur le site de Soignies au travers d'un travail pictural épuré permettant au spectateur de comprendre immédiatement les phases de production et d'apprécier les différents outils, bâtiments et machines. Les images mettent ainsi en évidence la coexistence de moyens de production anciens et modernes illustrant la transition du système d'atelier vers celui d'usine qui ont été rendus possibles grâce à la vision du maître de carrières Pierre-Joseph Wincqz. Celui-ci apparaît d'ailleurs ici au centre de l'image, debout au bord du grand trou, alors qu'il est en train de montrer le site à un visiteur tout en englobant l'ensemble du domaine d'un geste de la main. Selon le topos sublime de la peinture romantique, nous avons ici un homme au cœur même des forces de la nature et de l'histoire.

Alors que l'arrière-plan représente un paysage hennuyer paisible avec ses champs et ses peupliers, la carrière se présente, elle, sous la forme d'une sorte de falaise, qui laisse apparaître les roches souterraines à la manière d'une coupe géologique. Au fond du trou, on distingue le principal front d'extraction, d'où les 'rocteurs' dégagent les blocs bruts. Un cabestan actionné par un cheval traîne un bloc et l'on peut voir, comme dans un arrêt sur image, que celui-ci attend d'être embarqué sur les rails inclinés du treuil, avant d'être tiré jusqu'à la cour supérieure d'où une charrette à cheval le dirige selon les lieux de transformation à l'intérieur de la carrière. La machine à vapeur du treuil est abritée dans un élégant bâtiment néoclassique dont la cheminée se situe dans l'axe des rails. La forme de la cheminée dans la planche évoque les colonnes doriques tout comme la seconde

10. Académie royale des Sciences, des Lettres et des Beaux-Arts de Belgique, *Nouvelle Biographie Nationale*, tome 3, Bruxelles, 1994, pp. 353-354.
11. PIL, L., «La Belgique industrielle et la tradition du paysage pittoresque», *La Belgique industrielle, op. cit.*, pp. 23-24.
12. Pour en savoir plus sur Adrien Canelle et son rôle dans la collection, voir ROGIERS, J., «La Belgique industrielle : le livre et ses auteurs», in *La Belgique industrielle, op. cit.*, p. 21.

cheminée jaillissant du grand bâtiment à gauche bien qu'en réalité elles soient construites sur un plan carré. Ce bâtiment, érigé en 1843, était la *Grande Scierie* : une enceinte en briques de 15,0 x 26,5 m agrémentée d'une corniche néoclassique, d'arcs en anse de panier à trois centres avec plate-bande supérieure et de deux séries opposées d'encadrements de fenêtres en pierre bleue. Le tout est recouvert par les charpentes en bois à portée libre qui soutiennent l'élégante toiture en croupe inclinée sur la corniche. À gauche, un moulin nous rappelle que les efforts de mécanisation ont anticipé la disponibilité de la force constante de la vapeur. Attestés dès les années 1770, ces moulins à vent étaient utilisés pour pomper l'eau des trous, ce qui constituait l'un des principaux défis de l'exploitation. Ils seront rapidement remplacés par ou couplés à des pompes à vapeur. À l'extrême gauche, le petit bâtiment de deux étages accueillait vraisemblablement la première machine à vapeur établie sur le site avant 1785, mais l'absence de fumée indique qu'il n'est plus en activité ; il a été déjà transformé en logement en 1806.

À droite, un plus petit édifice de deux étages bâtis en 1847 accueille les *Bureaux* et le local administratif et technique. La taille de la cheminée indique clairement que celle-ci était réservée au chauffage et non à la production d'énergie. Idéalement situé pour surveiller l'accès au site et superviser la production, ce bâtiment définit clairement la répartition des tâches entre les concepteurs — l'ingénieur, les administrateurs, le comptable — et les ouvriers qui exécutaient leurs tâches dans une organisation du travail scientifique novatrice. La différenciation des tâches, la hiérarchisation des rôles et la diminution graduelle de l'autonomie et du statut des ouvriers spécialisés qui en résulte vont profondément bouleverser la vie des carrières et de toutes les autres industries à cette époque. Les carrières qui voient le jour sur la partie ouest du bassin d'extraction de Soignies à la fin du siècle après les nouvelles études géologiques de 1879 ne sont pas uniquement surnommées le *Nouveau Monde* — par opposition à l'*Ancien Monde*[13] — pour des raisons chronologiques.

En effet, le *Nouveau Monde* est celui où les forces motrices des nouveaux moyens de production organisationnels, économiques et techniques se déploient à grande échelle, libérées des contraintes de droits d'extraction complexes et des propriétés familiale, qu'illustre parfaitement la carte du litige de 1839, et des accords et usages coutumiers en vigueur depuis des siècles, comme en témoignent les grèves qui jalonnent les dernières années du XIXe siècle. Dans l'essai prémonitoire de Karl Polanyi[14] sur la révolution industrielle, *La Grande Transformation : aux origines politiques et économiques de notre temps*, l'auteur confronte l'*Ancien* et le *Nouveau Monde* dans un texte poétique, mais qui fait froid dans le dos : « Le capitalisme est arrivé sans crier gare […] personne n'avait anticipé le développement de l'industrie mécanisée, et la surprise fut totale […] lorsque le barrage a éclaté, […] l'ancien monde a été balayé dans un élan indomptable vers une économie planétaire. » Plus loin, il ajoute avec enthousiasme que « l'on peut voir émerger les piliers du Nouveau Monde des décombres de l'Ancien Monde ».

L'opposition ancien/nouveau serait cependant trompeuse si l'on interprétait cette transition d'un monde à l'autre comme un remplacement brutal, et pas uniquement parce que les carrières de l'*Ancien Monde* sont encore exploitées aujourd'hui. Dans le dessin de Canelle, la nouvelle logique industrielle qui informera le

13. Pour plus d'informations, voir BAVAY, G., *La Grande Carrière P.-J. Wincqz à Soignies*, Ministère de la Région wallonne, « Carnets du patrimoine », 3/1994, et plus tard *id.*, MAINIL, S. et AUTHOM, N. (coll.), « La Grande Carrière Wincqz à Soignies, Pôle de la pierre en Wallonie », *Carnets du patrimoine*, 142/2017, avec une bibliographie thématique complète.
14. POLANYI, K., *The Great Transformation. The Political and Economic Origins of Our Time*, New York/Toronto, 1944 (ed. 2001, Beacon Press, pp. 93, 262) ; *La Grande Transformation. Aux origines politiques et économiques de notre temps*, Gallimard, 1983. Traduit de l'anglais par Maurine Angeno et Catherine Malmoud.

Nouveau Monde des carrières ouvertes après 1879 est déjà lisible. Et toutefois, sur le versant droit, on retrouve encore le mode d'organisation ancien. À l'ombre des cabanes en paille mobiles, de petits groupes de tailleurs de pierre et leurs assistants transforment les blocs, débités par les 'rompeurs', en pièces définitives. Le travail est assigné par l'appareilleur – un tailleur de pierre en chef, ouvrier spécialisé disposant de notions de stéréotomie – lors de la « criée des pierres » à des ouvriers qui seront payés à la pièce. Cela jusqu'en 1899, date à laquelle une grève de quatre mois opposant les tailleurs de pierre aux maîtres de carrières aboutira à l'abolition de cette pratique[15]. Quant au moulin à vent et à la machine à vapeur, l'ancien et le nouveau coexistent, sont accouplés, et cette coexistence apporte plus de souplesse et de rentabilité au système.

L'architecture témoigne de la même volonté de continuité dans le changement. À l'instar des autres sites figurant dans le portfolio de Géruzet, le style architectural est de type néoclassique simplifié. Le socle de la colonne au premier plan appartient à un courant issu de l'architecture « rationnelle » française qui influença les autres architectures industrielles européennes. Inspiré par les recherches de Claude-Nicolas Ledoux à la fin du XVIIIe siècle et principalement relayé par le système expéditif de conception par grille initié par J.-N.-L. Durand dans ses cours à l'École polytechnique entre 1798 et 1830, ce courant a ouvert une voie simplifiée et rationnelle menant à une identité architecturale reconnaissable pour les espaces et les infrastructures imposés par un mode de production révolutionnaire[16].

La gravure ne montre pas le profond impact social de la révolution industrielle promue et menée par les Wincqz dans leurs carrières de Soignies. Toutefois, ce choc peut encore se ressentir aujourd'hui dans le quartier dit des Carrières. Le *Nouveau Monde* est également fait de nouvelles institutions, de nouveaux organes et de différents mouvements sociaux. La famille Wincqz met à disposition de ses ouvriers des logements dans des lotissements construits en 1843 le long du périmètre nord de leur exploitation. Dans le cadre de ses nombreuses fonctions civiques, Pierre-Joseph défend des infrastructures sociales comme les écoles municipales – libérées du joug étouffant de l'Église catholique – qui dispensent un enseignement à la fois général et technique. En outre, il inaugure un nouvel hôtel de ville dans le cadre de ses mandats.

En sa qualité de sénateur, Pierre-Joseph Wincqz milite pour que Soignies soit connectée au réseau national de chemins de fer, et obtient la concession d'un tronçon construit à ses frais reliant la Grande Carrière au réseau national et international. À l'angle nord-ouest de la carrière, une petite grange en pierre est aménagée pour remiser la locomotive de l'entreprise – autre utilisation de la vapeur – au bout d'un chemin secondaire encore aujourd'hui nommé *le concédé*. Le nom et le tracé en courbe témoignent de son origine ferroviaire, lien entre le site d'extraction et la gare de Soignies inaugurée en 1841 lors de la mise en service de la ligne Bruxelles-Mons. La pierre-wagon, une pierre magistralement ouvragée de 8,00 x 2,53 x 0,18 m toujours présentée sur la façade extérieure des *Bureaux*, quitte la carrière sur les rails de ce chemin secondaire pour gagner l'Exposition universelle de Paris en 1855.

De la sorte, l'entreprise Wincqz a très rapidement adopté l'électricité, et est ainsi entrée dans la seconde révolution industrielle en 1894, année durant laquelle les premiers générateurs triphasés de

15. Article paru le 14 mars 1899 dans *Le Petit Bleu du matin*, https://tunneldesamoureux.wordpress.com/2021/10/27/la-restauration-de-l-abbaye-d-aulne-suspendue/.

16. La référence des architectes industriels à l'iconographie éclectique de la méthodologie rationaliste de Ledoux et Durand est établie dans l'historiographie architecturale depuis Kaufmann (1952), Pevsner (1976) et Tafuri (1973), et confirmée ici chez VERPOEST, L., *Les édifices industriels au XIXe siècle*, dans *La Belgique industrielle*, op. cit., pp. 53-58. Pour une lecture moderne du basculement du langage vers la méthodologie opérée par Durand et de ses répercussions dans le domaine de l'architecture moderne, voir PICON, A., *From Poetry of Art to Method: the Theory of Jean-Nicolas-Louis Durand*, dans l'édition 2000 de l'ouvrage de Durand, *Précis*, 1802-05, publiée par le Getty Research Institute, Los Angeles.

17. BAVAY, G., «Le premier établissement industriel en Belgique qui ait appliqué le courant alternatif. Description archéologique et contexte historique», in VANDERHULST, G., *Industrie, homme et paysage,* Comité international pour la conservation du patrimoine industriel, Belgique, 1992.
18. Voir https://fr.wikipedia.org/wiki/Soignies et *Les syndicats industriels en Belgique* (120 et 241) de DE LEENER, G., publié par l'Institut de sociologie Solvay en 1903.

Belgique furent installés sur le côté sud de l'exploitation qui s'était agrandie. La nouvelle *Centrale électrique* dégage l'allure architecturale d'une cathédrale et constitue le second monument érigé par les Wincqz après la *Grande Scierie*[17]. Aujourd'hui, elle reste en attente d'une nouvelle affectation.

Comme toujours, le changement provoque de nouvelles dynamiques sociales. Ainsi la première ébauche d'une revendication ouvrière voit le jour à Soignies en 1854, sous la forme d'une émeute concernant le prix des aliments. En 1857, ces premières manifestations donnent naissance à une caisse de sécurité sociale financée à parts égales par les ouvriers et les patrons. Alors que d'autres grèves éclatent en 1872 et 1886, une ligue ouvrière locale est fondée en 1885, une coopérative est instaurée en 1884, et enfin, un syndicat est créé en 1897. En 1898, au crépuscule du XIXe siècle, la construction d'une nouvelle Maison du Peuple en 1898 atteste de la prise de conscience du rôle des organisations ouvrières dans la société et la vie politique[18].

Profondément transformé par les nouveaux modèles rationalistes et les nouvelles structures organisationnelles issues, soutenues et articulées autour de l'industrie, le monde a basculé. C'est bel et bien la construction d'un *Nouveau Monde*.

4. Mécanisation

Ill. 04. [→ pp. 108-109] Reconstruction hypothétique de l'emplacement de la scieuse dans la *Grande Scierie*, basée sur le relevé archéologique et sur les dessins techniques d'une machine plus récente mais similaire, publiés en 1863.

Nous ne retrouvons pas le moteur de cette révolution dans la vision hagiographique d'Adrien Canelle. En effet, le but ultime recherché par les ingénieurs pour le compte des investisseurs et des entrepreneurs depuis le début du XIXe siècle – à savoir l'accroissement de la productivité – ne se traduit pas dans la finition des moulures, des cadres et autres éléments du bâtiment. Aujourd'hui, cette tâche incombe toujours aux mains habiles du tailleur de pierre. En effet, ce n'est que depuis peu que ce dernier jouit de l'aide d'outils électriques transportables et d'air comprimé, lorsqu'il n'est pas lui-même supplanté par des fraises assistées par ordinateur pour accomplir les tâches répétitives.

À l'époque, le défi consistait à automatiser le sciage des blocs en fines tranches. En fonction de la dureté de la pierre, les lames ne pouvaient percer qu'entre 6 et 20 cm toutes les 12 heures. Le risque de briser les lames empêchait une cadence plus soutenue. Le seul moyen de fabriquer plus de «tranches» en un minimum de temps était d'utiliser plus de lames par banc de sciage ou «armures», à multiplier le nombre d'armures capables de fonctionner en même temps et à remplacer les bras humains par les bielles des moteurs à vapeur.

Le bâtiment de la *Grande Scierie* incarnait la réalisation de cet objectif. Sa splendeur architecturale est fondée sur une scieuse à traction directe à vapeur et à eau à quatre bancs, qui était probablement la première en son genre en Europe. Le soubassement en pierre délicatement exécuté de la machine – qui faisait office de socle à son châssis et servait à l'évacuation de ses eaux usées – a été mis au jour pendant les sondages préliminaires. Parmi les 16 colonnes en fonte qui encadraient les bancs de sciage et orientaient les lames, une seule a survécu. La machine a probablement été démantelée dans les années

1930, une fois le filon épuisé et à une période où le site de la Grande Carrière était devenu une installation logistique. La colonne et les socles rescapés, redécouverts lors des fouilles archéologiques de 2014, illustrent la ligne néoclassique familière que l'on retrouve dans la gravure de Canelle de 1852. Ici encore, l'innovation revêt une forme bien connue, intentionnellement archaïsée. La disposition des socles prouve que les quatre plus petites des six baies cintrées opposées étaient censées faciliter le déplacement des blocs de pierre sur des rails depuis la zone de stockage extérieure jusqu'aux deux bancs de sciage couplés, alors que les deux baies plus larges offraient un accès aux ouvriers exécutant les opérations de maintenance de la machine.

Nous connaissons implicitement ce chef-d'œuvre d'ingénierie à travers un modèle plus tardif et plus grand, lui aussi commandé par Pierre-Joseph Wincqz aux fonderies du Grand-Hornu pour son établissement voisin connu comme *Scierie des Trois Planches*. Le projet a été présenté en 1863 par Jacques-Eugène Armengaud, professeur de dessin industriel au Conservatoire national des Arts et Métiers de Paris, dans le 16ᵉ volume de sa *Publication industrielle des machines, outils et appareils les plus perfectionnés et les plus récents employés dans les différentes branches de l'industrie française et étrangère*, un magazine de référence édité régulièrement entre 1841 et 1882. Une fois de plus, cela atteste du réseau étroit dont font partie les carrières de Soignies dans le cadre de la formidable aventure de la révolution industrielle belge du charbon et de l'acier, ainsi que dans celui, plus vaste, de l'industrialisation européenne[19].

Cette machine – la machine – bat au cœur du *Nouveau Monde*. Dans le secteur de la pierre, la machine a fait éclater les contraintes du labeur humain et animal en vue d'accroître productivité et profit. Toutefois, comme Siegfried Giedeon le fait remarquer aux architectes et au grand public dans son ouvrage fondateur de 1948, intitulé *Mechanization Takes Command. An Anonymous History*, la machine devient l'incarnation d'un nouvel objectif de la coordination précise du temps, de l'espace et du mouvement du fait de ses nombreuses interactions avec d'autres industries à la même époque de part et d'autre de l'Atlantique. De plus, son impact dépasse de loin les limites de l'industrie. La machine idéalisée a modelé usines, villes et sociétés, influencé l'art et le design pendant plus de 150 ans et reste encore aujourd'hui profondément ancrée dans nos protocoles de pratiques techniques, de décisions rationnelles, de minimalisme esthétique, à l'heure même où la quatrième révolution industrielle entre dans le monde numérique.

Cette machine et toutes celles qui redessinent sans cesse le paysage des carrières de Soignies (grues, treuils, ascenseurs, pompes, locomotives, foreuses, et plus tard générateurs, turbines, etc.) érigent un troisième royaume en constante expansion entre le corps humain et le bâti. Les objets qui échappent aux proportions humaines et qui pourraient éclipser les monuments exigent de nouvelles architectures pour les accueillir, comme la *Grande Scierie* et la *Centrale électrique*. Ces dispositifs novateurs ne sont concevables qu'avec les potentialités de la structure en acier, puis en béton. Ils créent de nouveaux paysages en devenant des monuments dans le paysage en soi, comme en témoignent les grues à portique (dites « ponts roulants ») surplombant les falaises des carrières modernes de pierre bleue.

19. *Scierie de pierre à traction directe, constituée de deux machines à vapeur d'une puissance de trente chevaux, mise en place chez M. Wincqz à Soignies (Belgique) par la Société du Grand-Hornu*, Arts et Métiers ParisTech, https://patrimoine.ensam.eu/.

Ces machines ont bouleversé la conception architecturale d'au moins trois manières.

La première est pratique : elles ont introduit une nouvelle strate dans la conception des bâtiments, à savoir les plans techniques. Une strate composée de dispositifs et d'éléments dynamiques (ascenseurs, escaliers mobiles, volets, pompes), ainsi que les réseaux de transmission (chauffage, plomberie, éclairages, etc.) commencent à envahir l'espace habité des maisons et des villes pour favoriser le confort moderne.

La deuxième est de nature épistémologique, parce qu'elle exige – et donc initie – tout un ensemble de nouvelles connaissances et de techniques architecturales. Cette strate intrinsèquement moderne répond à la question fondamentalement récente de l'organisation même de la circulation. Le mot « circulation » est emprunté à la physiologie et qui s'est répandu en même temps que la logistique des corps, des ressources et des biens dans l'espace. Il permet donc de considérer et de concevoir l'architecture comme une manière de canaliser le mouvement dans le temps grâce à l'espace[20].

La troisième est figurative, dans la mesure où elle inaugure l'imaginaire architectural moderne des équipements issus et fabriqués par l'industrie. Ceux-ci sont ensuite insérés dans les bâtiments afin de transformer les aspects pratiques du confort en caractéristiques expressives du *style international* high-tech. Ils sont même utilisés pour envisager un édifice tout entier, voire une ville, comme l'on concevrait une machine[21].

5. Épuisement

Ill. 05. [→ pp. 110-111] Reproduction et interprétation graphique, photographie aérienne de la Grande Carrière aux alentours de 1960.

Une photo aérienne prise au début des années 1960 témoigne du pouvoir transformatif de l'exploitation industrielle sur le site. Le trou de la Grande Carrière, épuisé depuis le milieu des années 1930, a été remblayé avec des gravats provenant des carrières avoisinantes alors que la production a suivi le filon rocheux vers le sud. Depuis le début du XXe siècle, des ponts roulants à propulsion électrique permettent de soulever des blocs directement à partir du fond des carrières, ce qui donne lieu à des parois verticales spectaculaires plongeant à des dizaines de mètres dans les profondeurs de la terre pour exploiter les couches exploitables. Tout ce qui dessert les sites de production – cours d'eau, lignes électriques et routes – emprunte les fines parois rocheuses – dites « espontes » – qui sont épargnées comme si le plan des exploitations de 1839 avait été mené scrupuleusement jusqu'à son expression la plus extrême : une topographie artificielle complètement soumise à la logique de l'extraction, un paysage artificiel et brutal dans lequel la nature est soit anéantie, soit domestiquée.

L'architecture est devenue inutile, car les nouveaux modes de production ne requièrent plus l'affirmation formelle des monuments de la première révolution industrielle. Les bâtiments qui faisaient la fierté des Wincqz ont perdu leur fonction productive et ont été déclassés en installations logistiques secondaires, en entrepôts de fortune, avant d'être finalement abandonnés en 1990. Quelle meilleure incarnation de l'impact du capitalisme sur la nature ? Irréversible, intransigeant, violent. La sensibilisation actuelle aux questions environnementales

20. FORTY, A., « Spatial Mechanics – Scientific Metaphors », *Words and Buildings: a Vocabulary of Modern Architecture*, London/New York, Thames & Hudson, 2000, pp. 88-100.
21. Parmi les meilleurs exemples, on citera les utopies architecturales du constructivisme russe des années 1920 ou le *design radical* des années 1960.

nous a rendus graduellement réticents à l'égard des modes de transformation radicaux qui furent autrefois des objets de fierté. Au point que les études économiques et sociales critiques adoptent le néologisme métaphorique «extractivisme» pour définir des modèles de développement non durables et inégalitaires.

Cependant, la saga de l'industrie de la pierre bleue de Soignies — et plus particulièrement de la Grande Carrière — ne se borne pas à l'extraction. En effet, cette industrie a su évoluer et conserver son rôle de moteur de l'économie et du développement local, dans la mesure où les ressources géologiques et les professions qui y sont liées ne peuvent être délocalisées, mais surtout parce que les éléments matériels (bâtiments, infrastructures, paysages) et immatériels (connaissances, compétences, capacités, réseaux, capitaux, organisations et même identité locale) issus de cette industrie séculaire survivent à l'activité d'extraction. Bien que les ressources géologiques soient ici épuisées, l'héritage industriel constitue un atout supplémentaire, ayant un grand potentiel pour l'avenir du site, de la collectivité et de la région.

PARTIE II.
PASSÉ AU FUTUR

6. Un nouveau potentiel

Ill. 06. [→ pp. 112-113] L'aire de la Grande Carrière avant l'intervention (plan du rez-de-chaussée), dessinée comme un site archéologique.

Lorsque la vie s'arrête, les seuls vestiges de sa multiplicité bourgeonnante sont une coquille vide, une empreinte, une épave. Une forme d'absence. Dans le champ architectural, c'est la ruine. Il ne faut pas confondre les ruines avec l'image romantique des colonnes brisées et des murs délabrés. Les bâtiments n'ont nul besoin de s'effondrer pour devenir des ruines. Lorsque la vie les délaisse, briques, pierres et charpentes en bois restent suspendues par l'abandon dans un état intermédiaire instable, oscillant avec incertitude entre ce qu'elles étaient et ce qu'elles ne sont plus, ou encore, pour citer Georg Simmel qui définit l'état esthétique particulier, suspendu mais fertile, des ruines dans son essai publié en 1907, *Die Ruine*, «entre le pas encore et le plus jamais»[22]. Un lent retour à la nature. Parce que la fin de la fonction représente également la mort de la vigilance et ouvre la porte à l'action patiente du temps et de ses instruments (les conditions météorologiques et la végétation) sur les artefacts humains. Mais aussi, parce que la fin de l'utilisation prive les artefacts humains de l'intention qui les a façonnés à leur origine et leur a donné une finalité et un sens. Rompu, le lien entre la forme et la fonction — particulièrement flagrant dans les architectures industrielles conçues sur et pour les flux de production — réduit toutes les formes à des traces silencieuses d'un passé dont le sens reste confié à des mémoires collectives qui s'estompent, à des archives dispersées et à des historiens locaux opiniâtres[23].

Nous avons encore une vision suffisamment claire de la disposition du site et du rôle de chaque bâtiment dans son fonctionnement. En revanche, nous avons déjà perdu la connaissance exacte de la mécanique, de l'hydraulique et du fonctionnement des quatre bancs de sciage de la *Grande Scierie*. Nous ne pouvons que les deviner au

22. SIMMEL, G., «Die Ruine: Ein ästhetischer Versuch», *Der Tag*, n° 96, Berlin (traduit par David Kettler, in *Two Essays: The Handle, and The Ruin*, Hudson Review, 1958).
23. Lors d'une discussion au sujet de la durée de vie d'un bâtiment utilitaire et du potentiel changement de fonction de celui-ci, Daniel M. Abramson propose trois approches architecturales pour contrer son obsolescence: assurer la fonctionnalité du bâtiment malgré son changement d'usage, maintenir l'enveloppe d'origine afin d'éviter toute déformation architecturale, et/ou assumer le vieillissement du bâtiment en mettant en évidence le charme des traces de son passé. (ABRAMSON, D. M., *Obsolescence: An Architectural History*, The University of Chicago Press, 2016).

travers des bases en fonte et des soubassements en pierre que nous avons mis au jour lors des études préliminaires, et à partir des dessins édités d'un moteur similaire, plus tardif, qui coïncident pour la plupart avec les témoignages archéologiques[24].

Or, si ces reliques ont été pensées et construites de manière à dépasser leur stricte fonctionnalité temporelle dans une dimension matérielle ou immatérielle – une construction exagérément robuste, une ingénierie trop résistante, un design excessivement élaboré, une forme très parlante –, ce surplus de capacité constitue une réserve disponible : c'est une ressource potentielle pour de nouvelles actions, de nouvelles intentions, de futures réutilisations. En résistant à la décrépitude et en échappant à l'obsolescence, cette réserve physique offre un socle durable à la mémoire collective et à l'histoire sociale – l'histoire de ces hommes et de ces femmes dont les vies n'ont guère laissé de trace dans les archives institutionnelles – qui autrement s'effacerait inutilement au fil du temps et des générations[25]. On imagine difficilement que les hangars en métal léger d'après-guerre qui abritent actuellement les outils et machines des carrières avoisinantes puissent laisser des ruines dignes de ce nom. Spécifiquement adaptés à des besoins bien précis, conçus et fabriqués à moindre coût, ces cabanons combattent la rouille et la pourriture qui les dévoreront rapidement dès que l'on n'aura plus besoin d'eux, s'ils ne sont pas revendus à la casse au terme de leur vie. Ils ne renferment aucun potentiel à laisser à la postérité. Ils produiront des épaves, non pas des ruines[26]. Ils n'ont jamais incarné une quelconque identité, pas même commerciale.

Les Wincqz ont appuyé le projet de Géruzet consistant à commanditer à Canelle le tableau de leurs architectures. Dans une autre manifestation de leur pouvoir, leurs héritiers mettent en scène leur entreprise au moyen de vues aériennes des gigantesques excavations à ciel ouvert et de photographies détaillant les imposantes machines en action. Nous pouvons affirmer que les Wincqz – tout comme leurs héritiers – étaient tous animés par la passion et la fierté, mais aussi guidés par une stricte logique économique. L'attention qu'ils ont accordée à la commande, à l'exécution et à la transmission de l'architecture (et des machines) s'inscrivait dans une stratégie de notoriété visant à établir leur réputation de pionniers et d'innovateurs. Cette stratégie dépassait de loin le seul but de protéger leurs moteurs de la pluie et du vent. Ils voulaient perdurer, comme en témoignent les dates gravées sur les linteaux et les clés de voûte, et ont par conséquent bâti leur héritage.

Au passage du millénaire, 70 ans après la fin de la production, l'héritage architectural des Wincqz se dressait encore fièrement, même si des yeux attentifs pouvaient discerner les signes d'un processus de dégradation progressif et d'un éventuel effondrement. Nous avons visité le site pour la première fois à la tombée de la nuit en janvier 2012. Nous venions d'apprendre le lancement d'un concours par l'Institut du Patrimoine wallon[27] en vue de réaménager le site en école professionnelle pour initier les jeunes aux techniques de la taille de la pierre. Sans savoir que les colonnes en fonte de la machine à scier avaient été épargnées après que le bois avait cédé, après que la rouille avait irrémédiablement attaqué les encadrements de fenêtres en T d'origine et après que les pierres des murs extérieurs avaient été disloquées, nous avons saisi la qualité de la construction de la *Grande Scierie*. Nous avons reconnu l'élégant bâtiment des *Bureaux* qui arborait encore la *pierre-wagon* de 1855. Nous avons découvert les

24. Pour en savoir plus sur la conservation des moteurs utilisés dans l'industrie de l'extraction de la pierre, voir CALISTE, L., *De la carrière à la marbrerie : des machines monumentales au devenir incertain*, Patrimoines du Sud, n° 4, 2016.

25. GUIDETTI, E. et ROBIGLIO, M., « The Transformative Potential of Ruins: A Tool for a Nonlinear Design Perspective in Adaptive Reuse », *Sustainability*, 13 (10), 2021 ; BAIMA, L. et ROBIGLIO, M., « Intensity. Revealing the Potential of Spaces », *New Metropolitan Perspectives. NMP 2020. Smart Innovation, Systems and Technologies*, BEVILACQUA, C., CALABRÒ, F. et DELLA SPINA, L., New York, Springer, 2021, pp. 870-877.

26. Selon Antoine Picon, « la ruine rend l'humain à la nature. La rouille, au contraire, l'enferme dans ses produits comme dans une prison, la plus terrible, parce qu'il en est le constructeur ». (« Anxious Landscapes: From the Ruin to Rust », *Grey Room*, Autumn, n° 1, 2000, p. 79).

27. L'Institut du Patrimoine wallon (IPW) est un organisme public régional créé en 1999 pour assurer la protection et la connaissance du patrimoine culturel en Wallonie. En 2018, l'IPW a fusionné avec le service du patrimoine du Service public de Wallonie (SPW) pour former l'Agence wallonne du Patrimoine (AWaP).

poutres du toit effondrées qui avaient exposé les murs de briques à la pluie alors que le gel érodait leurs joints. Nous avons hésité à entrer et n'avons constaté que plus tard que des champignons lignivores et d'autres insectes xylophages avaient proliféré à l'intérieur, dévorant tout ce qu'ils trouvaient sur leur passage. Nous avons consacré moins d'attention aux deux autres bâtiments de service – le *Magasin à clous et à huile*, ainsi que la *Menuiserie et forge* – qui ont été ajoutés vers 1870 au *Pavillon du Treuil*. Ce dernier doit son nom au fait qu'il hébergeait le treuil à vapeur destiné à soulever les pierres des deux trous de la société Wincqz. Ces bâtiments étaient liés, dans l'avis de marché, à une deuxième phase conditionnelle et ne faisaient pas l'objet de la première phase de travaux.

Un inventaire détaillé du site aurait recensé une parcelle trapézoïdale de 1,75 hectare de terrain aplati correspondant approximativement au trou comblé de la carrière dont le profil se devinait encore par la façade arrière coupée en biseau du *Magasin à clous et à huile*. Le terrain était en partie pavé, près des bâtiments ; pour le reste, il était recouvert de cette végétation tenace qui colonise les sols industriels, encombré de blocs entreposés de la carrière active adjacente, et creusé par un drain dont nous avons appris plus tard qu'il était surnommé le *canal Albert*. Le site était alors accessible des quatre points cardinaux, bordé par la route couvrant la Senne voûtée, le chemin Mademoiselle Hanicq, le confluent du Perlonjour, les logements des tailleurs et un long mur de soutènement en pierre surmonté de petites maisons privées récentes et de jardins. Cinq bâtiments en briques et en pierre s'agglutinent le long de la route. Leur taille varie de 397 m^2 pour la *Grande Scierie* à 75 m^2 pour le *Pavillon du Treuil*, totalisant environ 2200 m^2 de surface utile, couverts par des charpentes en bois revêtues de tuiles ou d'ardoises. Des anciennes pièces de charpentes, colonnes, socles et machines rouillées étaient présents, tant à l'intérieur qu'à l'extérieur des bâtiments.

Un inventaire complet aurait aussi dû répertorier des actifs immatériels, décisifs. Depuis le milieu des années 1970, les ouvrages et les essais publiés ont permis de raconter l'histoire et le mythe de la famille Wincqz et de ses carrières de pierre. Au même temps, le regain d'intérêt de l'industrie pour ses origines et son histoire a fait les fondements d'une identité de marque florissante sur des marchés mondiaux toujours plus compétitifs.

Tel était l'héritage abandonné par la fin de la production. La pierre bleue gisant sous les terres arables avant l'extraction représentait le principal potentiel naturel du site. L'exploitation de ce potentiel initial a engendré un héritage important, à la fois matériel et immatériel en même temps qu'un potentiel secondaire, artificiel et culturel, pour que l'intention, la connaissance, le capital et le travail puissent à nouveau revivre. Les conditions étaient mûres en 2011.

7. Vision

Ill. 07. [→ pp. 114-115] L'aire de la Grande Carrière après l'intervention (axonométrie) ; en rouge, les transformations et les ajouts ; en noir, la préservation.

Au début des années 1990, le courant qui a en partie défini et érigé le site de la Grande Carrière Wincqz – et en son sein, la *Grande Scierie* – en symbole de la saga de l'industrie de la pierre bleue en Hainaut, en Wallonie (Belgique), avait gagné suffisamment d'ampleur pour changer le statut de cet héritage de friche industrielle en site patrimonial. L'acte officiel inaugurant sa deuxième vie est son inscription sur l'inventaire nationale du patrimoine le 24 juin 1992. Déjà, en 1994, lors des Journées du Patrimoine, les visiteurs se pressaient sur le site où ils étaient accueillis par des bénévoles et buvaient une «bière bleue» dans le bar improvisé où ils rencontraient les producteurs de «miel de carrière». En 1995, un article signé par Gérard Bavay, historien du bâti et des matériaux, paraît dans le 15e tome du *Bulletin de la Commission Royale des Monuments, Sites et Fouilles*. Il retrace le débat sur la réutilisation de la Grande Carrière depuis la fin des années 1970 et dénonce les dérives de l'abandon et du vandalisme avant de lancer un appel percutant à la mobilisation. Le plaidoyer de M. Bavay répertorie les moteurs d'une «nouvelle aube» pour le site: le regain d'intérêt de l'industrie de la pierre pour le marché de la restauration du patrimoine, la demande et la rareté de main-d'œuvre spécialisée[28], l'attrait du tourisme culturel et les fonds européens disponibles. Sa vision reçoit un soutien fondamental de la part du maître de carrières Jean-Franz Abraham, propriétaire du site, qui le met à disposition avec un bail emphytéotique. En 2011, une étude de faisabilité détaillée – rédigée par Sébastien Mainil de l'IPW – débouchera sur la reconversion du site en un centre de formation pour les travailleurs de l'industrie de la pierre, ouvert en 2017 sous le nom de *Pôle de la Pierre* et déjà en phase d'extension en 2018.

De nombreuses propositions relatives au patrimoine en voie de disparition demeurent infructueuses: parce qu'elles font appel au passé sans pour autant pouvoir mobiliser l'avenir. Dans notre cas, l'importance de la vision proposée reposait au contraire sur la rencontre du passé et de l'avenir, en privilégiant la transmission des compétences et des connaissances de l'industrie aux nouvelles générations, en faisant le lien entre permanence et innovation, contenu et contexte. Les jeunes apprentis tailleurs de pierre devaient être formés dans des bâtiments qui incarnaient le passé glorieux de l'industrie qu'ils allaient bientôt intégrer. Cette vision limpide a évité à ce site les incertitudes dues à la confusion entre l'urgence de la préservation et la mise au point d'un programme de réutilisation durable. De plus, cette vision a «fédéré» avec succès les énergies physiques et immatérielles pour un programme de préservation regorgeant d'ingrédients de transformation.

Le processus de transformation de la Grande Carrière désaffectée en un Pôle de la Pierre dynamique montre à quel point l'architecture est le fruit d'une communauté d'intérêts et de compétences organisée en réseau, comme le suggèrent Bruno Latour et Albena Yaneva dans leur article *Give me a gun and I will make all buildings move: an ANT's view of architecture*[29]. Une carte idéale du réseau des acteurs de Soignies comprendrait: l'équipe d'architectes et d'ingénieurs en charge; les archéologues et les phyto-archéologues; le maître d'ouvrage, à savoir l'Institut du Patrimoine wallon (ultérieurement rebaptisé Agence wallonne du Patrimoine); le constructeur, ou plus précisément, les constructeurs, à cause d'une loi belge imposant le fractionnement des marchés publics afin de ne pas exclure les petites entreprises; les experts du patrimoine, puisque chaque décision, même minime, était débattue au sein d'un comité d'accompagnement créé à cet effet, avec des historiens de l'industrie, des responsables du patrimoine, des représentants de la Région. Les décisions majeures étaient soumises à la Commission royale des Monuments, Sites et Fouilles de la Région wallonne. Des experts pédagogiques des établis-

28. Voir WAJNBLUM, A., «Tailleur de pierre: un fabuleux métier qui se meurt», *Le Soir*, 22 juin 2002.
29. Publié pour la première fois en 2008 dans GEISER, R. (éd.), *Explorations in Architecture: Teaching, Design, Research*, Bâle, Birkhauser, pp. 80-89.

sements professionnels existants qui allaient délocaliser leurs classes sur le site ont été consultés à intervalles réguliers sur les équipements, les besoins, les dimensions, l'aménagement et la logistique à prévoir. L'octroi du permis de bâtir a activé les services d'urbanisme de la ville, et requis plusieurs audiences publiques à l'hôtel de ville. Pendant ce temps-là, les voisins surveillaient le chantier de construction depuis leur jardin alors que de nombreux botanistes amateurs de la région cueillaient et classaient des plantes glanées sur le site.

La carrière voisine de la Pierre Bleue Belge (à l'époque sous la direction de Jean-Franz Abraham) est toujours opérationnelle et a connu une importante extension de son périmètre en 2019. À la fin de la première phase des travaux, le personnel de direction, la concierge, les enseignants, l'équipe d'entretien, les stagiaires et les élèves étaient déjà tous installés sur le site alors que la deuxième phase était encore en cours de construction. Tous avaient un droit de parole tant sur ce qui avait été fait que sur ce qui restait à faire. Pour alimenter la lithothèque en plein air, chacune des 21 carrières associées de Pierres & Marbres de Wallonie a contribué par un ou plusieurs échantillons de sa production. Les conflits avec certains sous-traitants des entreprises de construction ont parfois convoqués des avocats autour de la table. Quelque part à Bruxelles, des fonctionnaires européens que nous ne connaissions pas vérifiaient probablement la conformité formelle du financement et les comptes. Vers la fin du projet, un graphiste a synthétisé sa signification par un logo simple et efficace.

Pourtant, le programme représentait un défi de taille pour le monument. Les centres de formation doivent respecter des normes bien précises en termes d'espace, de confort, d'équipement, d'infrastructure, de sécurité et d'énergie. Ils sont à la fois école et lieu de travail. L'objectif d'une diffusion plus large – grâce aux journées portes ouvertes et aux cours destinés aux non-professionnels de tous âges – a ajouté à cette vocation déjà contraignante les exigences liées à l'accessibilité et à l'ouverture au grand public. Sur un site, il n'est aujourd'hui pas rare de croiser des amateurs de la restauration de murs en pierre sèche ou des enfants de l'école primaire en train de découvrir la géologie appliquée en pratique.

Telle est bien la constante contradiction des programmes de réutilisation, entre le patrimoine hérité et les résultats attendus. Lorsqu'un bien patrimonial est réutilisé dans son ensemble – restauré dans l'intégralité parfois imaginaire prônée par Viollet-le-Duc, ou augmenté par l'ajout de strates de technologie contemporaine –, ce mélange contradictoire entre rupture et continuité est soit adouci et camouflé en minimisant les traces du nouveau, soit exacerbé dans le contraste délibéré entre haute technologie et tradition. Minimisé ou exagéré. Nous avons préféré maintenir cette contradiction ouverte et mettre en œuvre les transformations nécessaires à la réutilisation du site tout en préservant sa stratification délicate de vestiges et de signes.

8. Exaptation

Ill. 8. [→ p. 116-117] L'analogie conceptuelle de l'adaptation/exaptation en paléontologie (d'après *National Geographic*, vol. 194, n° 1, 1998) et en architecture.

À la même période, nous nous penchions sur les pratiques sociales de la réutilisation adaptative et leur insertion dans des projets architecturaux et artistiques de type *top-down*, comme des formes

30. BOURRIAUD, N., *Postproduction. Culture as a screenplay: How art reprograms the world*, New York, Has & Sternberg, 2002, p. 7.
31. ROBIGLIO, M., RE-USA: *20 American Stories of Adaptive Reuse. A Toolkit for Post-Industrial Cities*, Berlin, Jovis, 2017.
32. BRAND, S., *How Buildings Learn: What Happens After They're Built*, New York, 1994. Une série télévisée en six épisodes, adaptée du livre et produite par BBC en 1997, toujours disponible sur la chaîne YouTube de Brand. Pour plus d'informations sur Brand, voir TURNER, F., *From Counterculture to Cyberculture: Stewart Brand, the Whole Earth Network, and the Rise of Digital Utopianism*, The University of Chicago Press, 2008.

de «post-production». Ce terme fut proposé par le commissaire d'exposition et critique d'art Nicolas Bourriaud pour définir le vaste éventail de pratiques artistiques enracinées dans le surréalisme, le situationnisme et le pop art, où «des œuvres d'art ont été créées à partir d'œuvres préexistantes, d'espaces et de biens existants»[30]. Il est utile de noter la nomination de Bourriaud en 2000 avec Jérôme Sans comme premier directeur du Palais de Tokyo. Le concours lancé en 1999 pour la réaffectation de l'édifice de l'Exposition universelle de 1937 d'André Aubert fut remporté par les architectes Anne Lacaton et Jean-Philippe Vassal. Leur projet de «post-production» reposait sur une approche de réutilisation adaptative minimale respectant le budget restreint et l'équilibre du bâtiment existant, en accord avec le cadre de la pratique artistique contemporaine et le programme de conservation de Bourriaud.

Nous étions intrigués par les approches expérimentales en matière de préservation et par la possibilité de redéfinir les paradigmes de conservation établis tout en ravivant des questions anciennes et ouvertes sur le patrimoine et la conception, la mémoire et l'avenir[31]. Imposée ou auto-imposée, l'économie de moyens qui accompagne les pratiques de réutilisation adaptative assure une intégration efficace de l'ancien et du nouveau en renonçant à tout idéal de complétude et d'unité formelle. L'adaptation réciproque du contenu et du contexte permet de minimiser et de concentrer les interventions là où les nouveaux usages nécessitent l'intégration de l'existant avec de nouvelles infrastructures temporaires et interconnectées. Dans ce processus, la première adaptation à effectuer est de trouver la correspondance entre les nouveaux usages et les caractéristiques — taille, matière, forme — de l'héritage architectural. La typologie, l'agencement, la structure, la construction, les matériaux sont présents et uniques pour chaque bâtiment. Ils résultent de la configuration originelle des usages dans l'espace telle qu'elle a été modifiée par les adaptations successives et précédentes. Il n'est donc pas étonnant que les premières expériences pour comprendre la manière dont l'architecture s'adapte à de nouvelles utilisations dans le temps datent de la fin du XXe siècle, à la fin de la croissance d'après-guerre. C'est à ce moment que la réflexion animant les discussions postindustrielles en Europe et aux États-Unis se détourne de la production de nouveaux bâtiments pour se pencher sur la réutilisation des édifices existants, bien au-delà du domaine rassurant d'un patrimoine intemporel, parfois privé de toute utilisation pratique.

Cela est arrivé par le biais d'un irréductible *outsider* nommé Stewart Brand, qui a surfé sur la vague de la contre-culture californienne entre auto-construction, communautés anarchistes et cybernétique et le premier à proposer une thématisation efficace de la réaffectation dans son livre *How Buildings Learn* («Comment les bâtiments apprennent») publié en 1994[32]. Brand décrit le temps entre l'achèvement d'un bâtiment et sa démolition ou sa «muséification» comme un temps vital d'évolution, pendant lequel le bâtiment interpelle ses usagers et sa complexité augmente au fur et à mesure que ses adaptations répondent à l'évolution de leurs exigences. Chacune de ces adaptations — y compris celle à laquelle nous travaillons — a été rendue possible par des éléments déjà présents dans le corps bâti à l'origine et qui sont devenus pertinents, voire cruciaux, dès lors que de nouvelles conditions sont apparues et que les intentions originelles ont disparu. Les formes peuvent naître de la fonction, et c'est particulièrement le cas dans l'architecture industrielle, comme nous l'avons constaté en découvrant à quel point la *Grande Scierie* a été façonnée à partir de la machine qu'elle était censée accueillir.

Une fois délaissé de sa fonction originelle, l'édifice peut être adapté grâce à des caractéristiques qui excédaient sa stricte fonctionnalité d'origine. Plutôt que d'employer le mot « adaptation », nous pourrions définir ce processus par le terme « exaptation », néologisme introduit en 1982 par le paléontologue Stephen Jay Gould pour éviter l'implication téléologique possible de l'« adaptation » dans la théorie de l'évolution de Darwin[33]. Selon Gould, le changement évolutif n'est pas seulement le résultat d'une « adaptation » des caractéristiques à l'environnement – ce qui se rapprocherait dangereusement d'une conception intentionnelle, dont le pendant architectural serait la notion improbable que toutes les utilisations futures soient déjà incluses dans le premier dessin –, mais plutôt de l'existence de caractéristiques redondantes et récessives que les conditions de mutation « cooptent » et rendent dominantes. Gould cite l'exemple des plumes de dinosaures dont l'« exaptation primaire » était sans doute l'isolation thermique, et qui ont ensuite été « cooptées » dans une « adaptation secondaire » pour être « post-adaptées », ou, comme nous dirions, réutilisées. Ce que nous qualifions d'adaptation est donc le processus incertain de devenir apte plutôt que la découverte miraculeuse d'être déjà, au départ, apte. C'est pourquoi Gould propose d'abandonner le préfixe finaliste « ad » pour adopter le plus réaliste « ex ». C'est dans la potentialité latente des formes qui n'ont pas suivi la fonction que nous devons chercher les facteurs qui peuvent permettre le changement.

Quels sont les exemples d'une « adaptation secondaire » dans notre cas ? La colonne en fonte qui n'est plus utilisée pour soutenir le moteur de la scieuse, mais dont le potentiel de charge la rend apte à être réutilisée comme support d'un entrait endommagé de la charpente. Les murs robustes dont la qualité de la maçonnerie répondait, mais aussi dépassait – et a dépassé – les besoins initiaux. La portance des sols industriels et les grandes portées des toitures industrielles qui offrent l'espace libre que notre idéal de flexibilité recherche dans les hangars industriels, et qui permettent des aménagements nouveaux et imprévus. Et les chiffres délicatement ciselés sur le linteau, marqués de façon indélébile de la fierté de la famille et de l'entreprise, réutilisés après des décennies de déshérence dans un nouveau contexte favorable au patrimoine industriel, comme une preuve des qualités exceptionnelles justifiant la conservation du bâtiment *millésimé*.

D'une part, chaque élément majeur ou mineur transmis par le passé est maintenu à sa place, dépoussiéré, nettoyé, réparé si nécessaire. Soigné et conservé. Avec la patience du restaurateur, l'attention de l'archéologue, le goût de l'antiquaire. Des voûtes en pierre, des colonnes en fonte, des poutres en bois, des murs en briques, des cadres en béton moulé. Mais aussi, les clous dans les poutres, les isolateurs du premier système de distribution de l'électricité, les crochets dans les murs, les lambeaux de plâtre, les couches de peinture superposées, les pierres fissurées, les signes illisibles. Remplacés seulement lorsqu'ils sont irrémédiablement condamnés : bois pourri, fer corrodé, tuiles poreuses, bardages moisis. Préserver et non restaurer. Arrêter ou ralentir leur dégradation, mais pas l'inverser. Ce qui a été perdu, qu'il le soit à jamais. Conformément à notre notion contemporaine, occidentale, relativiste, historicisante

33. GOULD, S. J. et VRBA, E. S., « Exaptation. A Missing Term in the Science of Form », *Paleobiology*, vol. 8, n° 1, 1982, pp. 4-15.

34. BENJAMIN, D., *Embodied Energy and Design: Making Architecture Between Metrics and Narratives*, Zürich, Lars Müller, 2017.
35. BAIMA, L. et ROBIGLIO, M., «Intensity of Uses and Spatial Devices», *Abandoned Buildings in Contemporary Cities: Smart Conditions for Actions*, LAMI, I. (éd.), New York, Springer, 2020, pp. 29-48.

et philologique de l'authenticité, qui conçoit le patrimoine comme une suite confuse de traces controversées et d'indices peu concluants. En adéquation avec le sens du fragment, de l'hybride, de la superposition, enraciné dans l'esthétique romantique de John Ruskin et transmis par les avant-gardes jusqu'au pop, au postmodernisme et même au déconstructivisme. Mais aussi en cohérence avec notre préoccupation grandissante de prolonger le cycle de vie de toute matière organisée – comme les espaces bâtis et leurs composants – et de préserver l'énergie inhérente aux structures organisées[34].

En revanche, il n'y a qu'un seul matériau, inséré sans compromis dans son expression objective, qui réponde aux besoins d'adapter les immeubles existants aux nouvelles exigences de confort, de sécurité et d'accessibilité : le métal galvanisé. Ce matériau a été retenu pour son faible coût, sa polyvalence, sa robustesse et sa durabilité, mais aussi pour sa texture, sa couleur et sa brillance qui évoquent les dégradés de la pierre et, enfin, pour sa malléabilité à l'ingénierie mécanique et sa compatibilité avec la rigueur de la construction mécanique. Sans grande surprise, ce sont des matériaux de la même famille – fonte, acier – que les ingénieurs des fonderies du Grand-Hornu avaient retenus pour leurs machines. Incontestablement nouvelle mais profondément compatible avec la durée, la nouvelle couche vient s'ajouter au palimpseste du site pour faire ressurgir son histoire entrecoupée.

9. Procédés spatiaux et narratifs

Ill. 09. [→ p. 118-119] Exemples de procédés narratifs : le monolithe monumental sur la façade vers la rue (d'après *Monolithe en pierre bleue des carrières de Soignies, en Belgique*, publié dans le quotidien illustré *L'Illustration* consacré à l'Exposition universelle de Paris, 1855) ; stéréométrie tracée sur les vitres des fenêtres (d'après *Démonstrations relatives à la poussée des voûtes*, Planche V. *Architecture et parties qui en dépendent* ; *Encyclopédie ou Dictionnaire raisonné des sciences, des arts et des métiers*, Planches tome I, 1762) ; lithothèque en plein air sur les pignons de la nouvelle annexe, collection de dalles et moellons des carrières de Wallonie.

Tout comme l'extraction des blocs de pierre bleue, l'extraction et la mise en valeur du potentiel du site sont assurées par des procédés conceptuels, spatiaux et opérationnels qui ordonnent les flux et permettent les activités[35]. Conçus avec la même logique économique et la même liberté intransigeante que les autres machines de Wincqz, ces dispositifs assurent la conformité aux nouvelles normes tout en évitant de dénaturer les artefacts et les formes historiques. Ensemble, ils forment une strate superposée qui renforce l'héritage industriel et ouvre son potentiel à de nouvelles possibilités. Ce sont les éléments reproductibles d'une grammaire qui pourrait se perpétuer. Indépendants de toute structure existante, ils peuvent être démantelés, déplacés ou enlevés, conformément au principe – énoncé dans toutes les chartes de restauration – selon lequel toute intervention sur un patrimoine doit être réversible.

Dans la *Grande Scierie*, l'enseignement dispensé peut être tantôt passif et propre (théorie), tantôt dynamique et poussiéreux (pratique). La théorie est prodiguée dans un nouveau volume bardé de tôles en acier galvanisé, suspendu sur les vestiges archéologiques mis au jour de la machine à scier. Dans ce volume, les bureaux des formateurs, la salle de conférence et les vestiaires – et leurs exigences de confort – sont regroupés dans un espace climatisé réduit. Quand ils travaillent, les apprentis peuvent choisir la place qu'ils souhaitent sous le grand toit doté d'un chauffage par rayonnement local et bénéficier d'éclairage, de courant électrique et d'air comprimé – intégrés dans les «poteaux technologiques» – ou profiter des températures des beaux jours sous l'appentis extérieur en acier galvanisé recouvert de panneaux photovoltaïques – une grande première pour un site classé en Belgique. La lumière du jour peut être tamisée quand on rabat les nouveaux volets en acier qui, une fois fermés, protègent le bâtiment. Des châssis en acier galvanisé ont remplacé les châssis à petits fers d'origine.

Les espaces réservés à la direction, aux services administratifs et aux salles de réunions sont installés dans les *Bureaux*, affirmant ainsi le rôle originel du bâtiment. Le piteux état dans lequel se trouvaient les structures internes et les murs en briques, attaqués par les champignons lignivores et les insectes xylophages, a nécessité une intervention radicale, ainsi que la reconstruction complète des structures horizontales. Un puits de lumière vertical baigne l'espace, facilite le travail de bureau et conforte le sentiment d'unité de l'équipe à travers un seul espace. Un escalier extérieur indépendant a été ajouté pour permettre à la concierge d'accéder à son appartement privé depuis l'extérieur.

Le concept de boîte dans la boîte de la *Grande Scierie* est répliqué plus en grand dans la cafétéria sur deux étages, insérée dans les murs de briques du *Magasin à clous et à huile*, grâce à l'isolation par l'intérieur revêtue de panneaux acoustiques en fibres de bois. Une charpente en acier galvanisé supporte la nouvelle toiture et se prolonge sur le mur diagonal. Elle protège de la pluie la connexion avec les nouveaux ateliers, bâtiment entièrement revêtu de zinc.

À l'exception des *Bureaux* et des nouveaux ateliers, les espaces climatisés sont isolés par l'intérieur et leur volume a été généralement réduit par rapport à l'enveloppe existante, permettant de limiter les interventions, tout en répondant aux normes de Performance Énergétique des Bâtiments (PEB). Cette approche nous a permis de laisser la charpente et les murs de la *Grande Scierie* apparents afin d'en exhiber les stigmates du passage du temps, et ce sans en altérer l'état d'origine. Ayant séparé le volume climatisé de l'enveloppe existante, nous avons pu imaginer des espaces de transition entre intérieur et extérieur alliant jeux de lumière et expérimentations de degrés de confort. Dans la *Menuiserie et forge*, cette zone intermédiaire non isolée qui accueille aujourd'hui les visiteurs, était autrefois l'atelier du forgeron. On y retrouve d'ailleurs son équipement d'origine sur l'ensemble du site.

Les éléments qui structurent les espaces extérieurs – clôtures, portails, bordures, barrières – répondent à la même règle qui consiste à n'utiliser qu'un seul matériau, indiquant les éléments ajoutés dans ou sur les bâtiments, et configurant donc ainsi les différents dispositifs comme un ensemble homogène et continu en dépit des différentes dimensions et formes. Le reste est un mélange d'anciens murets en pierre, de cours gravillonnées, de ruelles pavées restaurées, de revêtements lisses en béton neuf, de plantes envahissantes soigneusement sélectionnées, de mauvaises herbes vigoureuses et de blocs de pierre iconiques.

En général, les monuments possèdent une valeur culturelle intrinsèque que l'on considère souvent comme évidente. Cependant, ce lieu n'a pas été restauré pour les experts, mais pour le public. Il doit permettre au passé d'être présent: lisible, expérimentable, confortable et agréable. Il doit aiguiser la curiosité et sensibiliser, transmettre une passion et susciter des vocations. Il doit parler au futur et du futur.

L'attitude de la famille Wincqz visant à transmettre l'excellence et l'innovation au public en dehors du cercle restreint des maîtres, ingénieurs et ouvriers, a fait la renommée du nom Wincqz à un point tel qu'il incarne et condense aujourd'hui toute l'histoire de l'industrie de la pierre du Hainaut. Comme nous avons pu le constater, ils n'étaient pas les seuls ou les plus importants de l'industrie, mais ils comptaient parmi ses plus fervents défenseurs, ses principaux ambassadeurs et ses meilleurs narrateurs. La pierre-wagon en est la preuve : chef-d'œuvre, exposition, publicité, catalogue, monument.

Les bâtisses de la Grande Carrière ont su parler à leurs contemporains. L'inscription et l'année de construction sur l'entrée des *Bureaux*, ainsi que la *pierre-wagon* greffée sur la façade côté rue, les pierres d'angles, les encadrements et les corniches en pierre articulant les façades, les détails classicistes et les cadences des mouvements des machines, jusqu'à l'appellation des différents bâtiments et parties du site : chaque élément permettait de décrypter la logique d'une production organisée et la fierté de l'innovation. Cette lisibilité découle des simplifications efficaces de Durand et de l'« architecture parlante » de Ledoux. C'est l'idéal illuministe d'un classicisme polyvalent qui intègre des éléments narratifs explicites, en transformant l'architecture en un outil opérationnel et éducatif pour une société naissante et libre.

Nous avons ajouté une dimension narrative explicite au projet afin de rendre lisible cet univers aux générations futures. Générations qui sont issues de cette histoire, mais qui ne sont plus capables de la décoder. Pour ce faire, nous avons suspendu la boîte de la *Grande Scierie* pour laisser visibles les vestiges en pierre et en fonte au sol, sans entraver les activités de formation, et nous leur avons donné un gabarit et un positionnement évoquant l'ancienne machine à scier. Sur les vitrages des *Bureaux*, nous avons reproduit, au moyen d'un traitement à l'acide, les géométries des forces de la cinquième planche consacrée à la taille de la pierre figurant dans les planches d'architecture qui illustrent l'Encyclopédie de 1762[36]. Les deux pignons des nouveaux ateliers deviennent une exposition permanente en plein air consacrée aux dalles et pavés provenant des bassins carriers wallons. Grâce à une ligne d'acier découpée dans le dallage en béton, nous avons évoqué l'alignement de l'ancien rail du *treuil* qui tirait les blocs du fond du *grand trou*, évoqué par l'aire didactique à ciel ouvert creusée dans le sol. Nous avons rendu visible la transition entre le *Magasin à clous et à huile* et les nouveaux ateliers en alternant et en remplaçant progressivement les tuiles de terre cuite par des tuiles en verre, créant ainsi un effet de pixellisation progressif, allant de l'ombre vers la lumière. Nous avons conçu le volume des nouveaux ateliers à partir de la stéréotomie élémentaire d'un bloc de pierre surdimensionné. Enfin, pour afficher notre volonté d'insérer la thématique du développement durable dans le périmètre du patrimoine, nous avons exposé ostensiblement des panneaux photovoltaïques sur la pente du préau côté rue et utilisé comme revêtement de l'isolation par l'intérieur de la cafétéria des panneaux acoustiques en laine de bois.

Ainsi, en utilisant des dispositifs architecturaux permettant la transformation du passé en futur, le site devient un recueil de références d'hier et de demain. Parfaitement accessible, le site sert également de toile de fond pour valoriser le travail quotidien des

36. Figs. 01, 02, 03 et 04. *Démonstrations relatives à la poussée des voûtes*, Planche V. *Architecture et parties qui en dépendent* ; Planches tome I (1762), Édition Numérique Collaborative et Critique de *l'Encyclopédie* ou *Dictionnaire raisonné des sciences, des arts et des métiers* (1751-1772).

stagiaires et de leurs enseignants, ainsi que pour les visiteurs non professionnels. Concevoir, choisir, mesurer, couper ou fendre, dégrossir, équarrir, ciseler, boucharder, finir, polir sont autant de gestes transmis par les enseignants et d'applications pratiques directes visibles sur le site. Des œuvres emblématiques sont récupérées dans des monuments ailleurs pour être apportées ici, où elles seront étudiées et restaurées. Se mêlant à des œuvres transformées – achevées, en cours ou ratées –, elles colonisent les cours extérieures où, par tous les temps, les stagiaires déplacent leurs établis individuels sur roulettes pour s'exercer en plein air. Le fonctionnement des outils et machines est clairement compréhensible en les observant lors des différentes étapes de travail auxquelles ils sont destinés. Certains – comme le *maillet cintré* – conservent une forme façonnée par les générations qui les ont utilisés. D'autres ont été redéfinis radicalement par la numérisation. C'est notamment le cas de la nouvelle machine numérique qui trône dans les nouveaux ateliers, en digne héritière de la Grande Machine de Wincqz. Ici aussi, le passé enchâssé dans les lieux ranime le futur.

10. La préservation transformative et le « tournant vers le futur » dans les pratiques du patrimoine

Ill. 10. [→ p. 120-121] Carte conceptuelle des pratiques du patrimoine et des pratiques de préservation expérimentale.

Nous considérons que l'histoire de Soignies est faite de transformations successives : de la culture du sol à l'extraction de la pierre ; des douces ondulations de la campagne hennuyère aux falaises spectaculaires d'un paysage exploité ; de la production artisanale à la mécanisation, du travail à la pièce au salaire, des criées aux feuilles de présence, du vent et de l'eau à la vapeur et à l'électricité, des maîtres aux capitalistes, des marchés locaux aux marchés internationaux ; et après, de la production au stockage, de la désaffectation à l'inscription, de la désaffection à la réutilisation, de la production de biens à la transmission de savoirs.

Qu'est-ce qui anime cette histoire ? Les acteurs qui la composent ont fait preuve d'un dévouement sans faille pour l'avenir. Ils avaient la volonté et la capacité de construire le futur en exploitant le potentiel des biens existants. Ainsi, à travers l'engagement, la volonté et les compétences de ces acteurs, l'héritage de la période précédente est devenu le potentiel qui nourrit la suivante.

Dans un instant décisif et récent, ce fil rouge entre passé et futur a démontré sa solidité une fois de plus. Quand la production – et même le stockage – a déserté le site, avant que son histoire ne soit retracée et que son classement ne soit évoqué pour la première fois, sa protection s'est assortie d'un programme solide et vital, et pas uniquement au titre des valeurs culturelles. Synthèse de plus de 30 ans de débats, d'études et de propositions, la stratégie de réutilisation décrite dans l'étude de faisabilité de 2011 a posé les bases d'une seconde vie pour la Grande Carrière, enracinée dans sa longue histoire et assise sur une demande sociale et économique pertinente. Au terme de dix années de conception et de constructions – dont la moitié réalisées alors que le Pôle était déjà en pleine activité –, le site est enfin assis dans son statut de patrimoine classé, tandis que les adaptations, insertions et addictions à apporter se sont révélées plus importantes qu'initialement prévu.

La conception architecturale a permis d'organiser et de donner forme à ces adaptations, insertions et extensions. Elle a permis de transformer le patrimoine existant tout en le préservant par le biais d'une approche conceptuelle reposant sur des principes simples, déclinés de manière modulable pour s'adapter à toutes conditions opérationnelles spécifiques.

Nous qualifierons cette approche de *préservation transformative*. Cette expression allie des termes faussement contradictoires : préservation et transformation. La préservation exprime le profond respect et le soin pour — *pre-servāre* étant une forme renforcée de *servāre*, du proto-italique *serwāō, issu du proto-indo-européen *ser-: « veiller, protéger » — un passé devant être protégé avant d'être transmis au futur, et donc immobilisé dans son état actuel (non restauré à son état original), à l'abri des forces du présent et du changement. À l'inverse, la transformation, associée au préfixe latin *trans*, participe présent du verbe *trare-* « traverser, passer à travers, passer au-delà », est porteuse de changement et projette une forme — mot contenu dans le verbe même — existante vers un état futur, transformé.

Cette alliance de la préservation — une approche profondément dévote envers le passé — et de la transformation — la plus pragmatique — exacerbe la tension structurelle entre préservation et transformation jusqu'à ce que l'opposition devienne hybridation. Elle utilise cette tension féconde des contraires pour concevoir une architecture contemporaine qui accroît le potentiel du patrimoine historique dans la continuité de l'histoire du site en termes de pratiques transformatives, d'innovation fondée sur la pérennité.

Cette alliance postule et affiche la contradiction entre conserver les choses telles qu'elles sont et les transformer selon divers degrés d'intervention possibles. Cette opposition est si profondément ancrée dans l'idée moderne de patrimoine[37] que dès 1849, John Ruskin, dans l'aphorisme 31 de *The Seven Lamps of Architecture*, dénonce la « soi-disant restauration comme la pire manière de détruire »; une prise de position polémique réitérée par William Morris en 1879 dans son *Speech Seconding a Resolution against Restoration*, dans lequel il critique la transformation d'un bâtiment historique pour le rendre « tel qu'il était à l'origine – soigné et beau, sans passé ni imperfection »; tous deux prônaient ce que nous appellerions aujourd'hui la préservation. Dès les origines de l'histoire du patrimoine, cette contradiction hante théoriciens et praticiens[38]. La préservation transformative ne résout pas cette contradiction inhérente à des pratiques en conflit : elle l'incorpore dans la formulation, comme nous avons voulu le faire dans la pratique. Elle la pousse à l'extrême pour la rendre flagrante en épousant les oppositions et en la rendant lisible et attrayante.

De plus, lorsqu'il est apposé à la préservation substantielle, l'adjectif « transformatif » inscrit celle-ci dans le champ sémantique en pleine expansion des pratiques « transformatives ». Cette attitude transdisciplinaire traverse l'écologie, la justice, l'enseignement, la recherche, l'action sociale, le tout unifié par une orientation commune vers un changement sociétal, par le biais de changements de pratiques, reposant sur un changement de paradigmes[39].

Dès lors, la préservation transformative prend congé du consensus courant sur le patrimoine. En restant fidèle à l'éthique et aux techniques du patrimoine, elle s'affranchit des préceptes des « textes doctrinaux »[40] : un ensemble de principes, de règles et de

37. Une construction sociale et historique du XIXᵉ siècle inaugurée dans le *Rapport au Roi du Ministre, Secrétaire d'État au Département de l'Intérieur, François Guizot ministre de l'Instruction publique et des beaux-arts, le 21 octobre 1830*, proposant la création d'un poste d'Inspecteur Général des Monuments Historiques de la France, la principale autorité publique en charge de la conservation du patrimoine (POULOT, D. et WRIGLEY, R., « The Birth of Heritage: "Le moment Guizot" », *Oxford Art Journal*, 1988, vol. 11, nº 2, pp. 40-56).
38. FAWCETT, J. et PEVSNER, N., *The Future of the past. Attitudes to Conservation, 1174-1974*, London, Thames & Hudson, 1976.
39. Dans le domaine des études sur la conservation de la nature — anticipant souvent le débat dans les études sur le patrimoine ou le mettant en parallèle avec celui-ci —, voir le document de discussion pour le Congrès mondial de la conservation 2021 publié en avril 2020 par FOUGÈRES, D., ANDRADE, A., JONES, M. et MCELWEE, P.D., *Transformative Conservation in Social-Ecological Systems*, ou MASSARELLA, K. et al., *Transformation Beyond Conservation: How Critical Social Science Can Contribute to a Radical New Agenda in Biodiversity Conservation*, Current Opinion in Environmental Sustainability, 2021, pp. 49:79-87.
40. https://www.icomos.org/en/resources/charters-and-texts.

directives, solidement ancrés dans les codes scientifiques, les formes institutionnelles et les procédures administratives, dont le remaniement était déjà invoqué en 1994 par Raymond Lemaire, l'un des auteurs de la Charte de Venise de 1964. Réfutant l'autorité absolue d'un « texte qui est devenu un monument en soi », il a d'une part, recréé les circonstances de sa rédaction et de son approbation en historicisant son contenu et, d'autre part, il a proposé un processus de révision décentralisé autorisant l'incorporation de perspectives culturelles non occidentales[41].

La préservation transformative incorpore ainsi l'opportunisme tactique des pratiques sociales de réutilisation adaptative radicales, comme les squats et les occupations précaires qui explorent de façon créative de nouveaux modes de réaffectation du patrimoine urbain à des fins modernes – production, événements, divertissement, vie – en utilisant les moyens minimaux de l'auto-construction[42]. Elle marie le souci actuel du respect des documents et des chronologies avec le goût postmoderne ou romantique récent pour la complexité, l'incomplétude et la stratification. Elle répond à la volonté d'utiliser le potentiel du patrimoine comme un atout pour de nouvelles utilisations, économiquement viables, durables, dotées d'un impact environnemental et social positif, produisant richesse et bien-être pour la communauté locale. Elle prouve enfin que ses exigences de transformation peuvent être efficacement incorporées dans une stratégie purement conservatrice.

La préservation transformative de la Grande Carrière fait ainsi partie d'une géographie grandissante d'interventions architecturales sur des bâtiments à valeur culturelle reconnue ou potentielle, qui redéfinit la théorie par la pratique. Elles naissent aux marges du domaine, sur des édifices de moindre importance, des artefacts incomplets, des paysages dégradés : les héritages industriels et militaires, dont l'échelle et la cohérence soulèvent de nouveaux enjeux de viabilité économique et environnementale ; les sites archéologiques, dont l'extension et l'état rendent la seule mise au jour de vestiges insuffisante pour assurer leur compréhension et leur valorisation ; les vieux centres-villes, où les politiques de conservation ont parfois des répercussions indésirables telles que la désaffectation, l'embourgeoisement ou le « surtourisme » ; les entrepôts des musées, où les objets qui ne méritent pas d'être exposés sombrent dans l'oubli. En testant des conditions complexes et en acceptant des agendas contradictoires, ils ouvrent de nouvelles perspectives théoriques qui débouchent sur un débat prometteur et finiront par redéfinir les procédures institutionnelles établies dans le domaine.

La seconde moitié du XIXe siècle a exprimé son malaise culturel, moral et esthétique face aux retombées dramatiques de la révolution industrielle et sociale (qui ont bouleversé un passé stable et idéalisé, et menacé son héritage naturel et historique) par un engagement militant pour sa protection et son appréciation. Lors de la première moitié du XXe siècle, cet engagement militant a pris de l'ampleur et s'est matérialisé au travers d'institutions dédiées (écoles, listes, archives, organismes) et de protocoles (textes légaux, normes de pratique, cadres théoriques), instaurés en Europe et aux États-Unis dans une démarche globale transcendant les traditions nationales[43]. Les 50 années qui ont suivi ont enregistré une expansion géographique, thématique et chronologique : la première avec la création d'organismes internationaux comme l'UNESCO en 1945 et l'ICOMOS en 1965 ; la

---

41. LEMAIRE, R., *À propos de la Charte de Venise*, in ICOMOS Scientific Journal, The Venice Charter – La Charte de Venise 1964-1994, Paris, pp. 56-58. Pour une critique récente, voir RICHMOND, A. et BRACKER, A. (éds.), *Conservation. Principles, Dilemmas, and Uncomfortable Truths*, Oxford, Butterworth-Heinemann, 2009.
42. ROBIGLIO, M., « Old is the New New. Architecture and the Adaptive Reuse of Industrial Legacy », *RE-USA: 20 American Stories of Adaptive Reuse: A Toolkit for Post-Industrial Cities*, New York, Jovis, 2017, pp. 170-217.
43. SWENSON, A., *The Rise of Heritage. Preserving the past in France, Germany and England, 1789-1914*, Cambridge, Cambridge University Press, 2013.

seconde avec l'invention du patrimoine industriel – dont fait partie la Grande Carrière Winqcz – au milieu des années 1970, qui a ouvert la voie à un élargissement quantitatif inédit de ce que nous appelons patrimoine ; la dernière avec l'incorporation des éléments de l'avant-garde moderniste dans le patrimoine, avec la création de DOCOMOMO en 1988, dans un abrègement progressif du délai qui sépare le présent du passé, la vie du patrimoine.

En entrant dans le XXIe siècle, le patrimoine est devenu une industrie en soi – à savoir une industrie en constante expansion de production, d'étude, d'entretien, de communication et de réaffectation du patrimoine[44] – et le moteur de nouvelles formes de filières commerciales axées sur la consommation de luxe, sur l'économie du divertissement, sur le tourisme de masse et sur l'immobilier haut de gamme, toutes fondées sur la revalorisation culturelle qui repose sur des politiques de préservation entraînant une « marchandisation » du patrimoine[45]. Le rôle de cette industrie dans l'économie globale est si important que l'enrichissement est qualifié par des auteurs comme Luc Boltanski de mode particulier de création de valeur économique par le biais de valeurs culturelles, comparant son rôle dans le capitalisme récent à l'exploitation des mines d'or d'Amérique du Sud par l'Empire espagnol au XVIIe siècle[46].

Le résultat est que « tout ce que nous habitons est potentiellement susceptible d'être préservé [...] ; nous vivons un moment à la fois exaltant et légèrement absurde, à savoir que la conservation nous dépasse », pour reprendre les termes de Rem Koolhaas[47]. Ou, comme le souligne Gregory Ashworth, spécialiste de la conservation, « nos environnements bâtis sont sans cesse plus saturés d'artefacts muséifiés, de bâtiments monumentalisés et de sites sacralisés que les sociétés passées estimaient dignes d'être conservés pour nous et pour les générations à venir jusqu'à l'infini [...] ; la réserve globale de patrimoine n'est plus limitée que par les limites de l'imagination humaine à le créer »[48].

Deux pistes de recherche complémentaires ressortent de cette conjoncture sans précédent d'abondance, de redondance, d'hégémonie de ce qui était initialement prévu comme une chose rare, unique, menacée.

La première piste est celle de la recherche théorique universitaire. Si tout doit potentiellement être conservé, le rôle du passé dans l'avenir et pour l'avenir de nos sociétés doit être recadré. Les défis du changement climatique, de la mondialisation, de la démographie et du multiculturalisme ne sont-ils que de nouvelles menaces qui pèsent sur notre passé toujours en danger ? Ou bien est-ce que ce passé – ou plutôt ces passés – peut (peuvent) en quelque sorte contribuer à faire front à ces menaces ? Ne devrions-nous pas plutôt cesser de nous morfondre sur ce qui est perdu et ce qui est en danger[49], et plutôt nous poser la question de savoir pourquoi nous devrions continuer à conserver un nombre toujours plus grand d'artefacts du passé, de quelle manière nous pouvons les financer, quelle est leur utilité réelle dans le présent et ce qui devrait être entrepris pour les utiliser à l'avenir ? Dans la seconde décennie du XXIe siècle, ces questions mettent un terme à ce que John Pendlebury appelait « l'âge du consensus »[50]. Les contradictions implicites ne sont plus reléguées au rang d'imperfections accidentelles. Dans une perspective multiculturelle, la légitimité absolue du patrimoine est mise à mal par une prise de conscience sans cesse accrue de la nature sociale et historique

---

44. HEINICH, N., *La fabrique du patrimoine. De la cathédrale à la petite cuillère*, Paris, Éditions des Maisons des Science de l'Homme, 2009.
45. HEWISON, R., *The Heritage Industry: Britain in a Climate of Decline*, London, Methuen, 1987.
46. BOLTANSKI, L. et ESQUERRE, A., *Enrichissement. Une critique de la marchandise*, Paris, Gallimard, 2017.
47. KOOLHAAS, R., *Preservation Is Overtaking Us*, Future Anterior 1, n° 2 (Fall 2004), pp. 1-3 ; Id., *Paul S. Byard Memorial Lecture*, dans CARVER, J., *Preservation Is Overtaking Us*, New York, GSAPP Books, 2014.
48. ASHWORTH, G., « Preservation, Conservation and Heritage: Approaches to the Past in the Present through the Built Environment », *Asian Anthropology*, 2011, Vol. 10:1, pp. 1-18.
49. DESILVEY, C. et HARRISON, R., « Anticipating Loss: Rethinking Endangerment in Heritage Futures », in *International Journal of Heritage Studies*, 26:1, 1-7, 2020.
50. PENDLEBURY, J., *Conservation in the Age of Consensus*, London, Routledge, 2009.

des édifices culturels[51]. Son institutionnalisation mondiale fait apparaître des dynamiques sous-jacentes de pouvoir et de domination, tandis que sa prétendue pureté éthique est ternie par les conflits et les différends postcoloniaux[52]. Des tensions se dessinent dans les discours institutionnels[53] et dans les théories globales[54]. La notion de « patrimoine » en soi semble affaiblir sa pertinence, tandis que le terme plus flou et moins normatif d'« héritage » apparaît plus fidèle à une idée inclusive et pluraliste de la transmission du passé à l'avenir[55].

Le glissement qui consiste à passer de l'objet au processus, de l'artefact à sa production – dans les domaines de l'art, de l'architecture, de l'archéologie et, en anthropologie, dans les quatre chapitres de l'ouvrage *Making: Anthropology, Archaeology, Art and Architecture*[56] de Tim Ingold publié en 2013 –, recadre fondamentalement notre expérience du passé et des objets qui l'incarnent :

> « L'archéologie contemporaine ne se soucie pas de leur antiquité, de leur ancienneté, mais de ce que nous pourrions appeler leur "passé", c'est-à-dire qu'elle les reconnaît comme des éléments de trajectoires temporelles qui se poursuivent dans le présent. [...] Plutôt que de comparer les individus aux bâtiments, aux vases et aux pupitres, et de dire que tous sont dotés d'un pouvoir d'action, nous pourrions les comparer aux montagnes, aux rivières et aux nuages, et reconnaître que tous sont impliqués dans la perpétuelle renaissance du monde. Cela revient à envisager la vie humaine comme un processus sans début ni fin, jalonné d'événements clés tels que la naissance et la mort, et toutes les autres étapes intermédiaires, mais qui n'en sont ni l'origine ni la fin. Et cela revient à situer le foyer de la créativité non pas dans la nouveauté de la conception, qui doit être associée à la substance, mais dans les potentiels générateurs de formes du processus de la vie, ou en un mot, dans la croissance. »[57]

Plutôt que de se trouver isolé du présent et de l'avenir par la fracture de la modernité et de l'industrialisation, le passé est considéré par Ingold comme une composante d'un processus continu d'évolution, d'adaptation et de transformation. Un processus dans lequel l'activité humaine de production et de création de sens remplit un rôle similaire à celui des forces de la nature dans la perpétuelle métamorphose des paysages et des bâtiments. Le passé n'est pas mort. Il ne peut être perdu ; il évolue, il peut être modifié, construit, enrichi. Et la disparition et la destruction peuvent à la limite apparaître comme une augmentation et produire une nouvelle souche de mémoire[58].

Pour appréhender ces approches émergentes, de nombreuses définitions qui se chevauchent sont parfois avancées. Leur complexité est inhérente à l'incertitude de l'expérimentation, mais découle aussi d'une définition ontologique imparfaite dans l'usage scientifique et d'un recoupement persistant dans l'usage courant entre des notions fondamentales comme celles de préservation, de conservation et de restauration. Des trois, celle de « conservation » semble être la plus extensive. Lorsqu'elle est précisée, elle implique une redéfinition active du passé en fonction de son utilisation future et d'éventuelles modifications substantielles. La « restauration » est présentée par certains comme une discipline à part entière et se confond ainsi avec la conservation en tant que champ d'action. Lorsqu'elle est restreinte, sa définition renvoie à l'idée de Viollet-le-Duc de revenir à un état primitif idéal. Plus généralement, la « préservation » dénote une attitude

---

51. CANE, S., « Why Do We Conserve? Developing Understanding of Conservation as a Cultural Construct », dans RICHMOND, A. et BRACKER., A. (éds.), *Conservation. Principles, Dilemmas, and Uncomfortable Truths*, Oxford, Butterworth-Heinemann, 2009.
52. AVRAMI, E., « Heritage, Values, and Sustainability », in RICHMOND, A. et BRACKER., A. (éds.), *Conservation. Principles, Dilemmas, and Uncomfortable Truths*, Oxford, Butterworth-Heinemann, 2009.
53. Promue chaque année par l'ICOMOS et l'UNESCO, la *Journée Internationale des Monuments et des Sites* était dédiée en 2021 à la thématique des Passés complexes : *Futurs Divers*.
54. MUÑOZ VIÑAS, S., *Contemporary Theory of Conservation*, London, Routledge, 2004.
55. Voir https://heritage-futures.org/lexicon/#!legacies et https://full.polito.it/ et CORICELLI, F., MARTINI, L. et ROBIGLIO, M. (éd.), *The Future Urban Legacy Lab. A Report 2017-2021*, Torino, 2021.
56. INGOLD, T., *Making: Anthropology, Archaeology, Art and Architecture*, New York/London, Routledge, 2013.
57. Id., « No More Ancient; No More Human: The Future Past of Archaeology and Anthropology », in GARROW, D. et YARROW, T. (éds.), *Archaeology and Anthropology: Understanding Similarity, Exploring Difference*, Oxford, Oxbow, 2010, pp. 160–170.
58. HOLTORF, C., « Averting loss aversion in cultural heritage », in *International Journal of Heritage Studies*, Vol. 21:4, 405-421, 2015.

de retenue visant simplement à enrayer et à prévenir la dégradation de l'objet, comme le préconisaient Ruskin et Morris. Un glossaire en ligne très complet et régulièrement actualisé reprend, à partir de tableaux officiels et de textes institutionnels, treize définitions distinctes du terme «conservation», quatorze du terme «restauration» et neuf du terme «préservation», dont un grand nombre sont partiellement ou entièrement interchangeables[59]. Le glossaire en ligne de l'UNESCO[60] est de loin plus limité et se base essentiellement sur une étude de 1988[61]. Une tentative récente et approfondie de systématisation de la terminologie a finalement perpétué la confusion entre restauration, conservation et préservation[62], comme c'est le cas dans la Résolution 2008 des membres de l'ICOM-CC qui, tout en établissant une distinction entre la conservation préventive et la conservation corrective, définit la restauration par un objectif plutôt confus: «faciliter [...] l'appréciation, la compréhension et l'utilisation[63]». Un glossaire très résumé, néanmoins assez précis, confirme l'usage restreint des trois termes et se trouve sur le site de l'*American Institute of Conservation*[64]. La discussion la plus complète, interdisciplinaire et approfondie sur l'origine et la signification des termes «préservation», «restauration» et «conservation» est à mon sens celle proposée par David Lowenthal dans son ouvrage monumental *The Past is a Foreign Country*[65]. Dans la quatrième partie, les deux expressions sont analysées comme des moyens alternatifs de «refaire le passé» et sont associées à des jumeaux insoupçonnés: la préservation avec la réplication, la restauration avec la reconstitution, dans une liste fortement enrichie par le terme «amélioration», qui donne un caractère positif à toutes les interventions portant sur le passé en tant que propositions pour l'avenir.

Cette nouvelle attitude optimiste remplace la peur par l'espoir, le conformisme par la curiosité et la doctrine par l'expérimentation. Généralement menées par le biais d'actions, de projets et d'interventions, avant d'être conceptualisées dans des textes programmatiques, ces expériences établissent de nouvelles positions et ouvrent de nouvelles perspectives dans le paysage bicentenaire de la pratique du patrimoine. Nous allons alors tenter de définir cette deuxième voie de recherche émergente — dont fait partie la préservation transformative — dans les lignes qui suivent.

La «préservation expérimentale» de Jorge Otero-Pailos se penche sur des questions aussi cruciales que l'élimination des couches superficielles de «saleté» — ou patine — présentes sur les artefacts architecturaux, avec l'intention explicite de tester la possibilité de «faire» patrimoine à partir des éléments normalement négligés, éliminés ou ignorés. Intitulées *Ethics of Dust* d'après les dialogues de Ruskin publié en 1865, ses installations résultent d'actions de «préservation expérimentale» par décapage effectuées sur des icônes comme le Palais Ducal de Venise (Biennale 2009) et Westminster Hall (2016), ou encore sur des reliques industrielles comme les fonderies d'aluminium de Bolzano (2008), où il a transformé les couches décapées en artefacts culturels en soi. Sa pratique comporte «la dangereuse possibilité d'un échec, quelque chose à éviter lorsqu'on travaille sur des objets historiques et culturels précieux», comme en témoignent les interventions controversées de 1980-1994 lors de la restauration de la chapelle Sixtine[66].

En utilisant le terme «contre-préservation» (*counterpreservation*), Daniela Sandler explore «l'utilisation intentionnelle de la décrépitude architecturale dans la configuration spatiale, visuelle et

---

59. https://ip51.icomos.org/~fleblanc/documents/terminology/doc_terminology_e.html#R.
60. https://uis.unesco.org/en/glossary.
61. VIÑAS, V., and R., *Traditional Restoration Techniques: a RAMP study*, Paris, UNESCO, 1988.
62. PETZET, M., «Principles of preservation: An introduction to the International Charters for Conservation and Restoration 40 years after the Venice Charter», in ICOMOS, *International Charters for Conservation and Restoration. Monuments & Sites*, München, pp. 7-29.
63. *Resolution adopted by the ICOM-CC membership at the 15th Triennial Conference*, New Delhi, 22-26 septembre 2008.
64. https://www.culturalheritage.org/about-conservation/what-is-conservation/definitions.
65. LOWENTHAL, D. *The Past is a Foreign Country—Revisited*, New York, Cambridge University Press, 2015 (éd. orig. 1985).
66. OTERO-PAILOS, J., «Experimental Preservation», *Places*, septembre 2016. Voir également *id.*, LANGDALEN, E.F. et ARRHENIUS, T. (éds.), *Experimental Preservation*, Zürich, Lars Müller Publishers, 2016.

symbolique des bâtiments » comme acte délibéré de résistance aux conséquences des politiques d'embellissement et de gentrification à Berlin. Les « ruines appropriées de manière créative » découlent d'un processus qui « éclaire non seulement pourquoi le délabrement peut revêtir un sens positif, mais aussi pourquoi il est utilisé comme signe de protestation contre la rénovation et la régénération urbaines », fondant une nouvelle esthétique de la laideur qui finira par devenir — paradoxalement — une composante de l'image de marque de la ville, dans un circuit intrinsèquement contradictoire d'appropriation, d'amélioration et d'expropriation[67].

Bie Plevoets et Koen Van Cleempoel s'appuient sur dix années de recherche théorique et appliquée pour établir le statut désormais acquis de la réutilisation adaptative comme approche légitime au patrimoine, qui « a évolué d'un processus guidé par l'utilisateur à une discipline très pointue », « une discipline à part entière » qui a atteint un certain degré d'autonomie par rapport à la restauration. Cette discipline est également devenue « le moyen par excellence de gérer l'environnement bâti », à la fois ancrée dans un processus informel et dans des références historiques (la maison d'art Tacheles à Berlin, Michel-Ange à la basilique Santa Maria degli Angeli, Carlo Scarpa à Castelvecchio) et répondant au nouveau contexte de « saturation du parc immobilier et de discours croissant sur *l'Umbau* ». Leur réflexion arrive à inclure la « mise en ruine » intentionnelle parmi les formes possibles de réaffectation[68].

Le collectif architectural belge ROTOR envisage la « déconstruction » comme une forme d'« architecture à l'envers », adaptée aux bâtiments condamnés, dont les « éléments sont réutilisés hors site », transformant ainsi les *spolia* anciennes exécrées en de vertueuses innovations dans le domaine du recyclage. Les éléments qui forment « une espèce de mobile » qui « prolonge » « le devoir de conservation […] au-delà de la vie du bâtiment »[69]. Acceptant que « les bâtiments doivent mourir », pour citer le titre du livre *Buildings Must Die* publié en 2014 par S. Cairns et J. M. Jacobs, mais ouvrant à une vie posthume grâce aux matériaux et composants réutilisés rendus disponibles pour de nouveaux usages et configurations.

Selon Caitlin DeSilvey, la « pratique entropique du patrimoine […] qui émerge déjà dans certains lieux et circonstances » fournit les indices d'une « pratique de post-préservation du patrimoine » où « l'attention accordée aux processus de dégradation et de désintégration peut être tout aussi féconde en termes de valeurs patrimoniales que les actes de sauvegarde et de protection […] une nouvelle conception du "patrimoine vivant". Cette nouvelle conception peut proposer une alternative aux modèles patrimoniaux prédominants, qui privilégient la préservation de la structure et de la fonction d'origine en instaurant une discontinuité entre le passé et le présent », « fondement d'un paradigme patrimonial post-humaniste [de] soins sans conservation », qualifié de « dégradation organisée » (*curated decay*) et fondé sur « l'acte de "laisser-faire" […] pratiqué intentionnellement et attentivement »[70]. Récemment, sa recherche s'oriente vers l'« abandon adaptif » (*adaptive release*), stratégie pour le démantèlement, le déplacement ou l'élimination intentionnelle de biens patrimoniaux pour lesquels la conservation se révèle non raisonnable ou non faisable pour des conditions économiques, politiques ou d'environnement[71].

La plupart de ces pratiques expérimentales et explorations théoriques se réfèrent encore, par opposition, à la « doctrine » en

67. SANDLER, D., *Counterpreservation: Architectural Decay in Berlin Since 1989*, Ithaca, Cornell University Press, 2016, *op. cit.* pp. 19, 43 et 45.
68. PLEVOETS, B. et VAN CLEEMPOEL, K., *Adaptive reuse of the built heritage: concepts and cases of an emerging discipline*, New York, Routledge, 2019. *Op. cit.* pp. 7, 109 et 110.
69. DEVLIEGER, L., « Architecture in Reverse », in VAN DEN HEUVEL, D., MUÑOZ SANZ, V., *Deconstruction*, Amsterdam, Archis, 2017. *Op. cit.* pp. 8 et 13.
70. DESILVEY, C., *Curated Decay. Heritage Beyond Saving*, Minneapolis, University of Minnesota Press, 2017. *Op. cit.* pp. 184, 185 et 188.
71. DESILVEY, C., FREDHEIM, H., FLUCK, H., HAILS, R., HARRISON, R., SAMUEL, I., BLUNDELL, A., *When Loss is More: From Managed Decline to Adaptive Release*, The Historic Environment: Policy & Practice, Vol. 12:3-4, pp. 418-433, 2021.

vigueur. Pourtant, à travers ces oppositions, toutes abordent les questions fondamentales auxquelles doivent répondre la pratique et la théorie contemporaines du patrimoine. Ces questions sont aussi bien nouvelles (l'énergie, l'environnement, l'égalité, la diversité) qu'anciennes (la décomposition, la patine, les ruines, l'originalité, la réutilisation) et paraissent inextricablement liées aux actions et aux réflexions en matière de patrimoine depuis ses origines, et ce à chaque fois que la doctrine est remise en question par de nouveaux défis opérationnels et culturels[72]. Ce qui en ressort, c'est que toutes les pratiques décrites épousent la nature temporelle des artefacts culturels. Et ce faisant, se projettent dans l'avenir afin de transgresser les traditions rituelles du passé et de leur insuffler un sens neuf et vivant. Ils acceptent le défi conceptuel proposé par Cornelius Holtorf[73] et Anders Högberg en introduisant leur collection d'essais *Cultural Heritage and the Future* :

> « Il nous apparaît tout d'abord nécessaire de comprendre le rôle du patrimoine culturel dans l'élaboration des relations entre sociétés présentes et futures, afin de pouvoir ensuite imaginer des stratégies professionnelles qui permettront d'affronter le futur en matière de gestion du patrimoine. Y aurait-il toujours dans cinquante ans tant d'intérêt pour ce que nous apprécions aujourd'hui ? Devrait-il y en avoir ? Il est désormais peut-être temps de changer le présent afin de parvenir à créer un patrimoine futur que l'on n'aurait peut-être pas imaginé auparavant. »[74]

La préservation transformative de la Grande Carrière Wincqz à Soignies nous a permis d'explorer les enjeux pratiques, d'imaginer un avenir pour le passé de ce site. Nous reconnectons nos expériences architecturales à plusieurs décennies de tentatives, de succès et d'échecs dans la construction, d'ingénierie, de technologie, d'organisation, d'économie et de politique qui ont fait de cet endroit ce qu'il est et ont créé sa valeur.

Dans cette réflexion, qui se veut davantage une réflexion sur la pratique du projet qu'un essai historique ou théorique, nous avons appris que les artefacts aujourd'hui reconnus comme faisant partie du patrimoine sont le produit d'un effort collectif continu visant à améliorer, enrichir et innover, dépassant les frontières de ce site classé. Réutiliser ces artefacts, tout en les préservant et en les transformant, c'est renouveler cet effort dans de nouvelles conditions.

L'expansion sans limites de la révolution industrielle est épuisée ; nous comprenons ses limites et devrons affronter ses conséquences avec espoir et créativité. Le *Nouveau Monde* d'hier est l'*Ancien Monde* d'aujourd'hui. Cependant, nous en avons hérité un champ illimité d'actifs matériels et immatériels, dont l'immense potentiel peut être réutilisé pour le bien-être de tous. Ce que nous appelons « patrimoine » n'est que la partie la plus évidente de ce nouveau champ. L'attention exceptionnelle que nous lui portions – grâce aux labels, aux nomenclatures et aux cartes – doit devenir une attitude plus générale de préservation et de transformation des espaces et des lieux, à partir de ce qu'ils sont.

C'est la condition contemporaine de la postproduction. C'est *notre* Nouveau Monde.

---

72. Comme cela s'est produit dans le débat italien d'après-guerre sur la restauration et la reconstruction, alors que les importants dommages causés par la guerre aux monuments historiques et au tissu urbain avaient rendu les approches philologiques ou stylistiques polémiques, voire inapplicables. La théorie et la pratique du *restauro critico* considéraient la restauration à la fois comme une interprétation critique de l'œuvre d'art héritée et comme la production d'une œuvre d'art en soi, guidée par une « attitude esthétique » autonome (BRANDI, C., *Restauro*, Enciclopedia Universale dell'Arte, Venezia/Roma, 1963, pp. 322-332).

73. *UNESCO Chaire : les Futurs du Patrimoine à l'Université Linnaeus*, Kalmar, Suède, 2017.

74. HOLTORF, C. et HÖGBERG, A. (éds.), *Cultural Heritage and the Future*, London, 2020, p. 23 (titre traduit par l'auteur) et p. 268. Voir aussi les essais rassemblés par HARRISON, R. *et al.*, *Heritage Futures: Comparative Approaches to Natural and Cultural Heritage Practices*, London, UCL Press, 2020.

1.   POTENTIEL / POTENTIAL

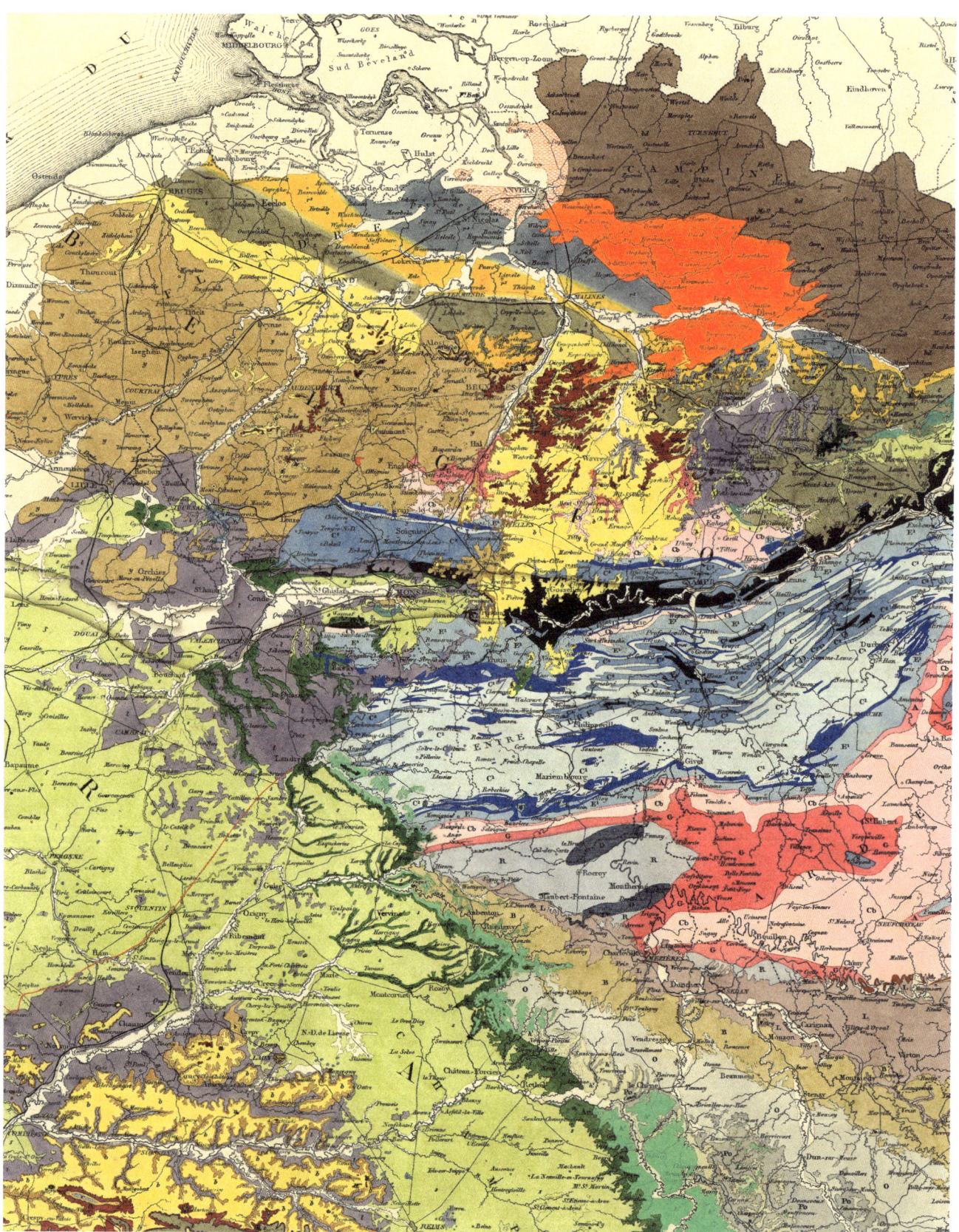

SOIGNIES

50.566693, 4.077798

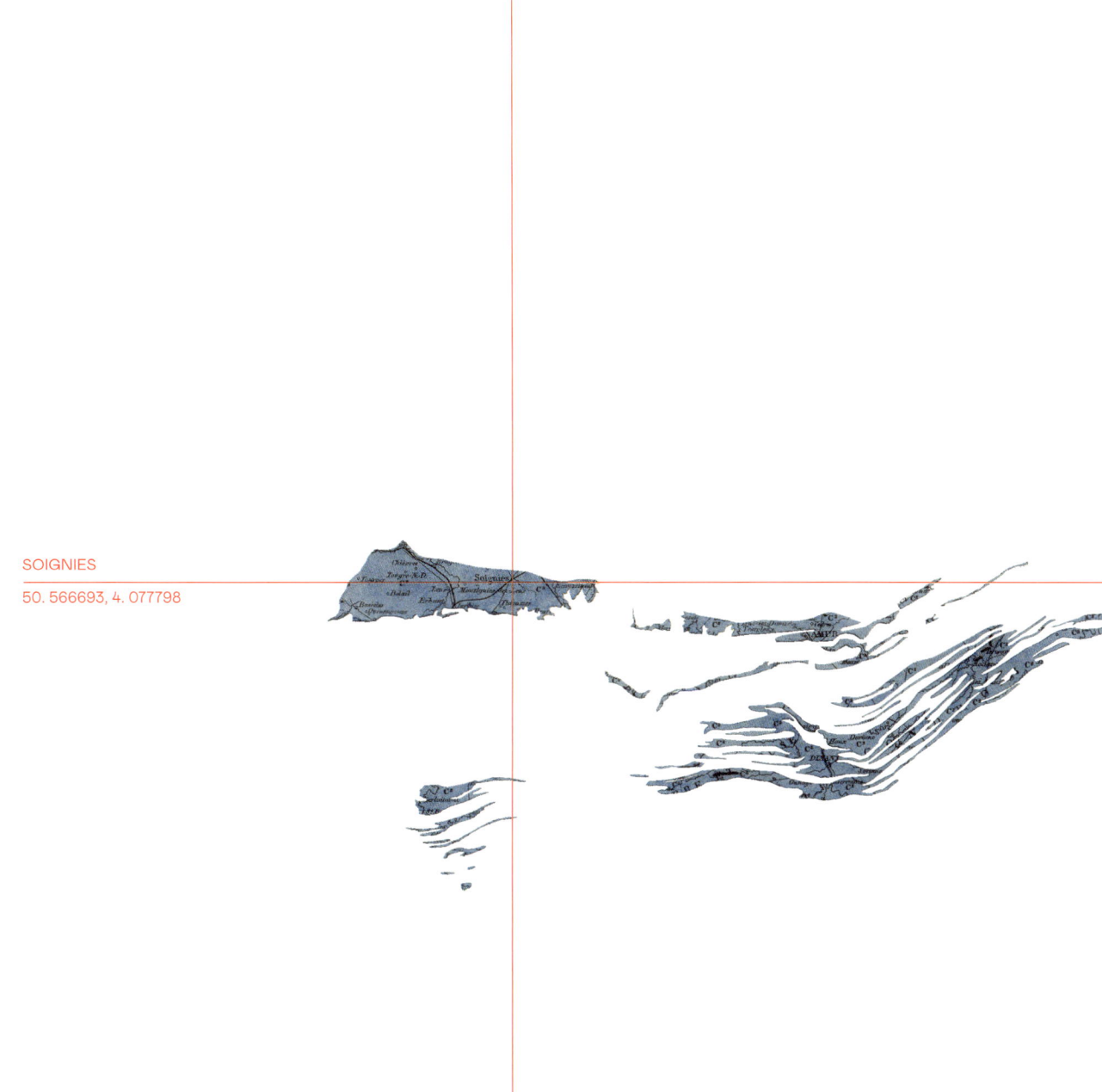

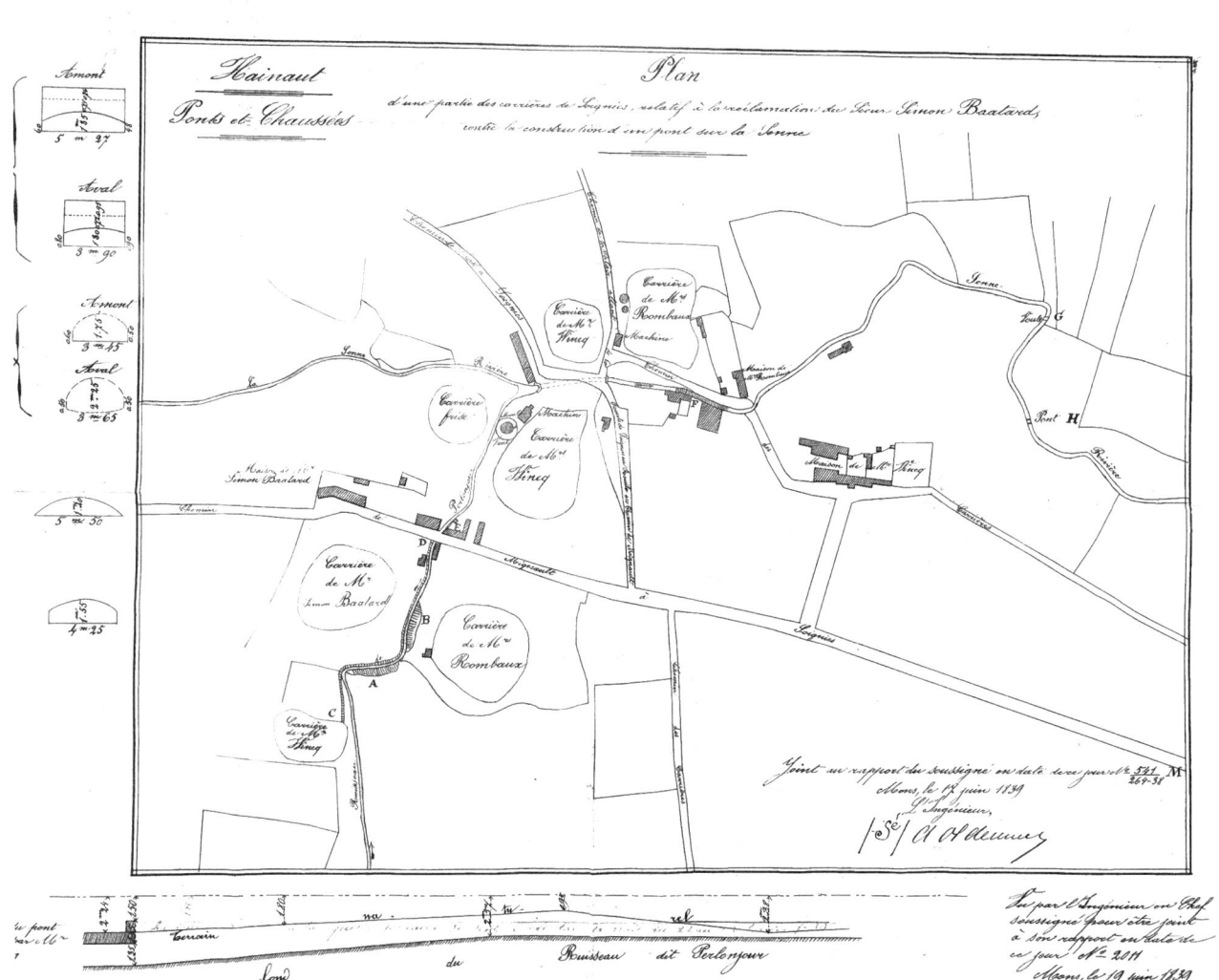

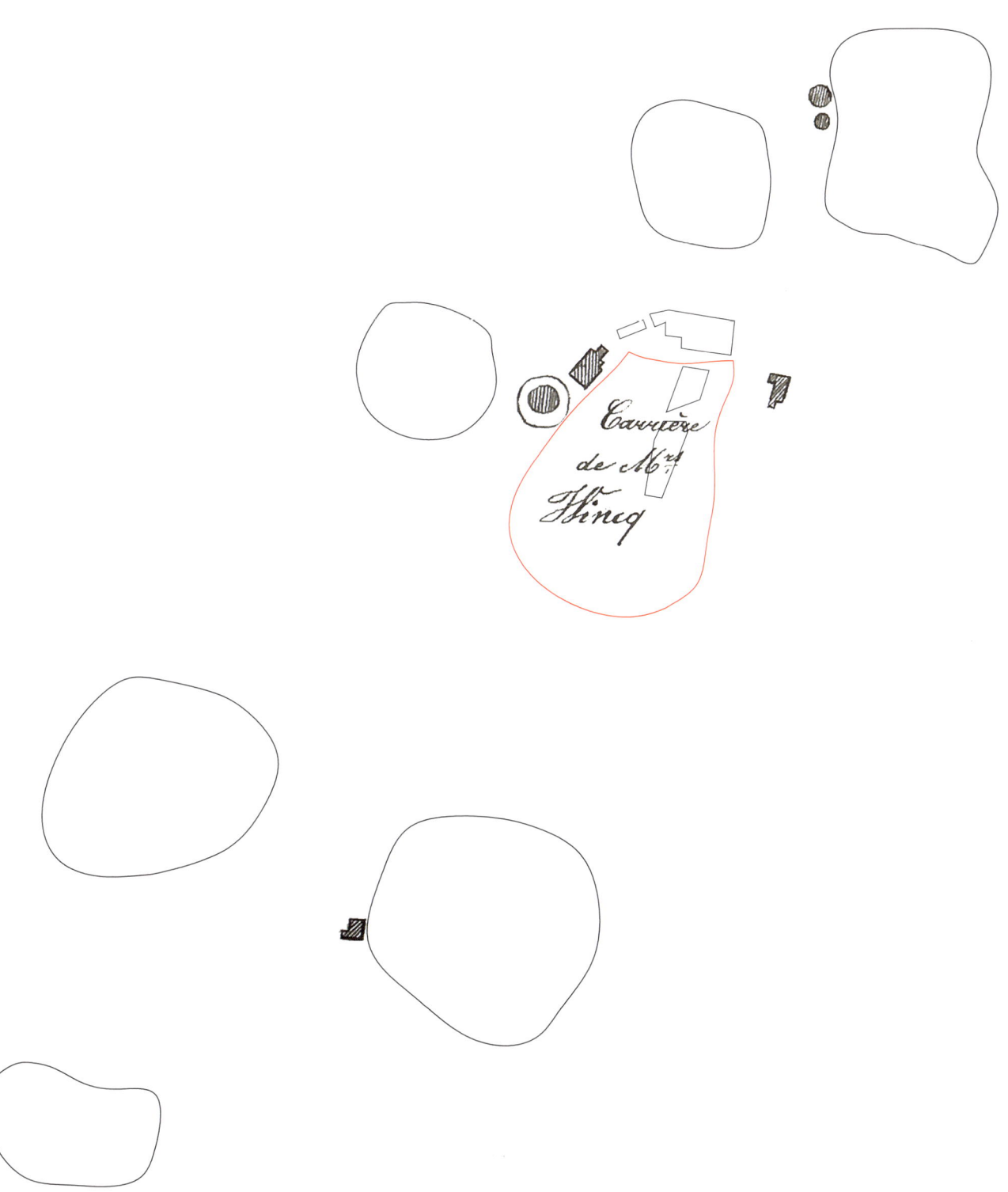

3. ORGANISATION / ORGANISATION

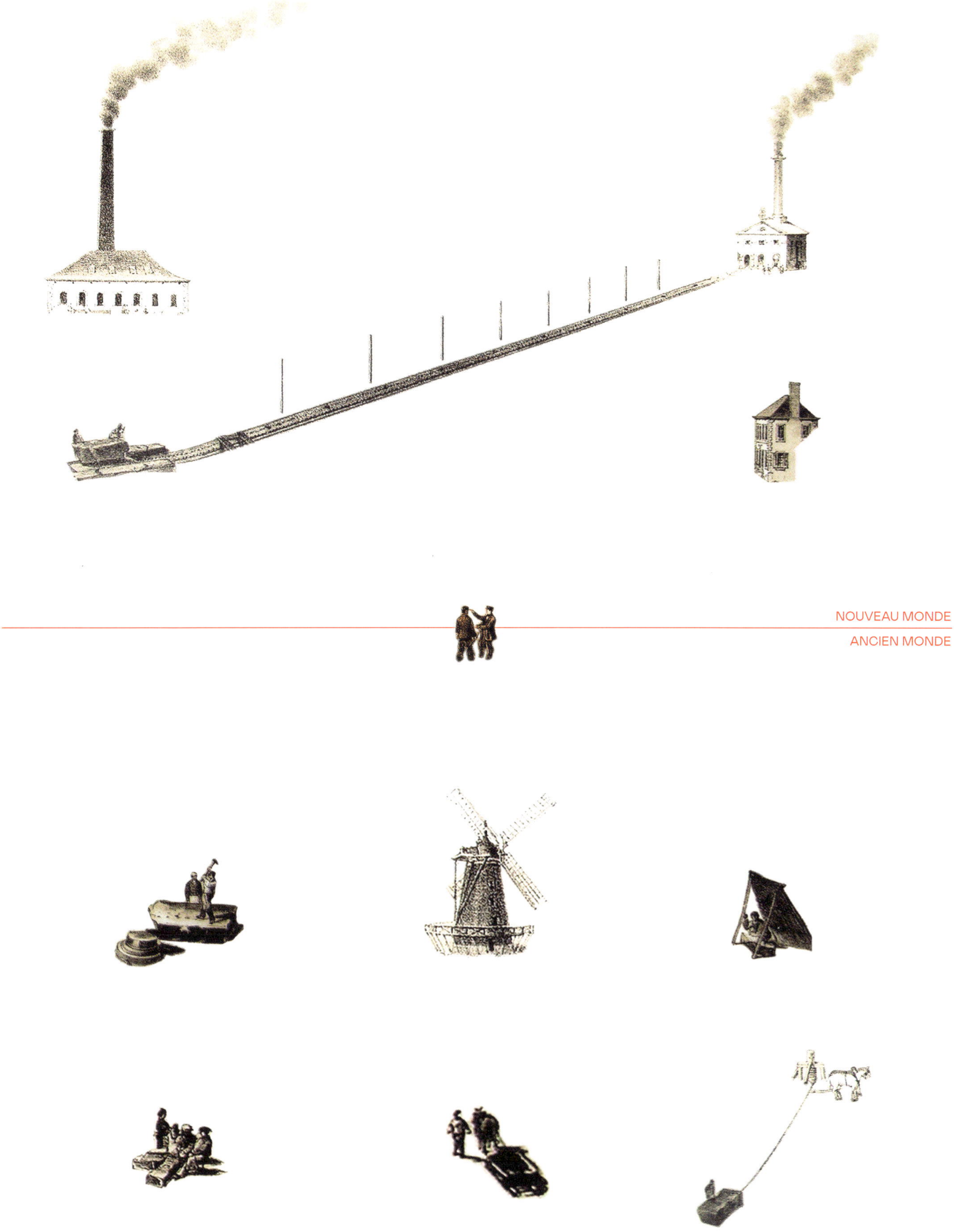

NOUVEAU MONDE
ANCIEN MONDE

4.

MECANISATION / MECHANISATION

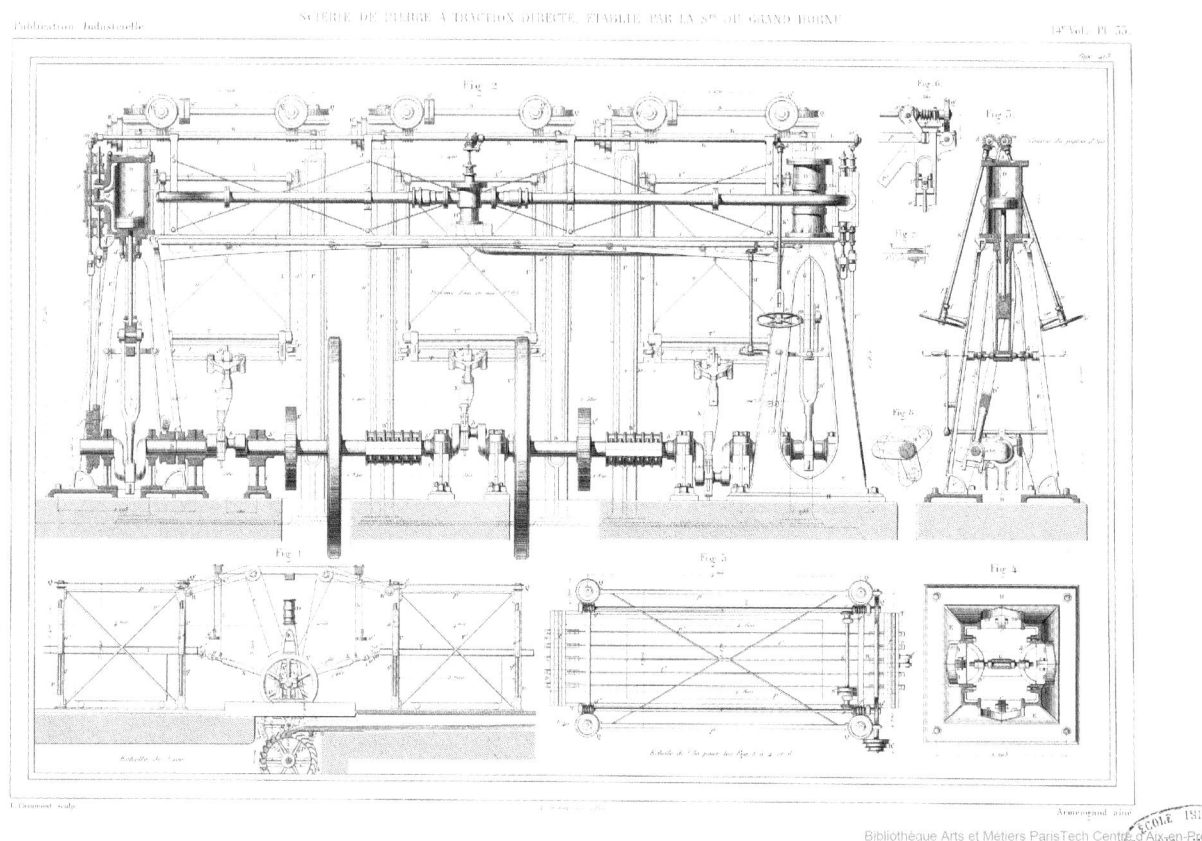

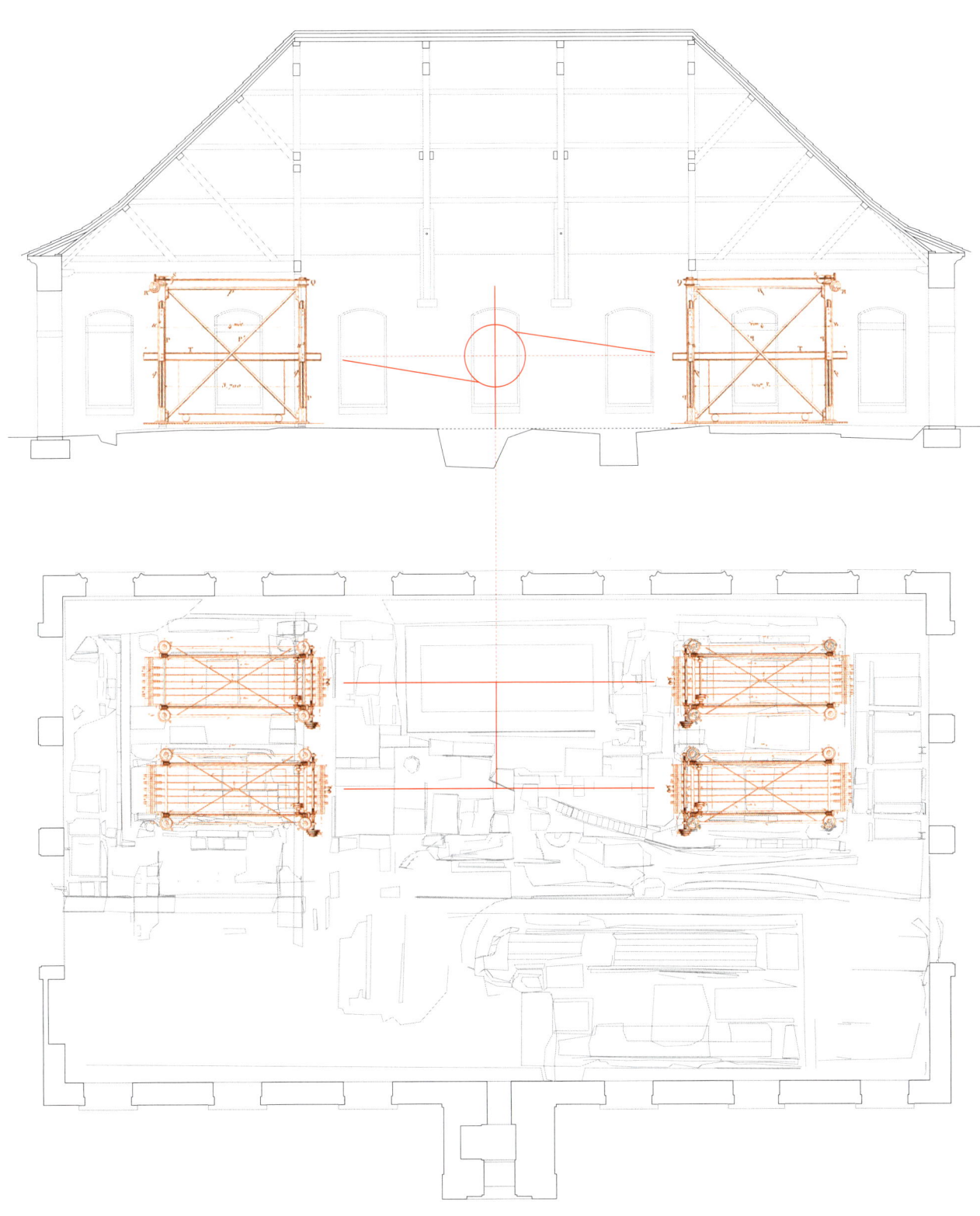

5. ÉPUISEMENT / DEPLETION

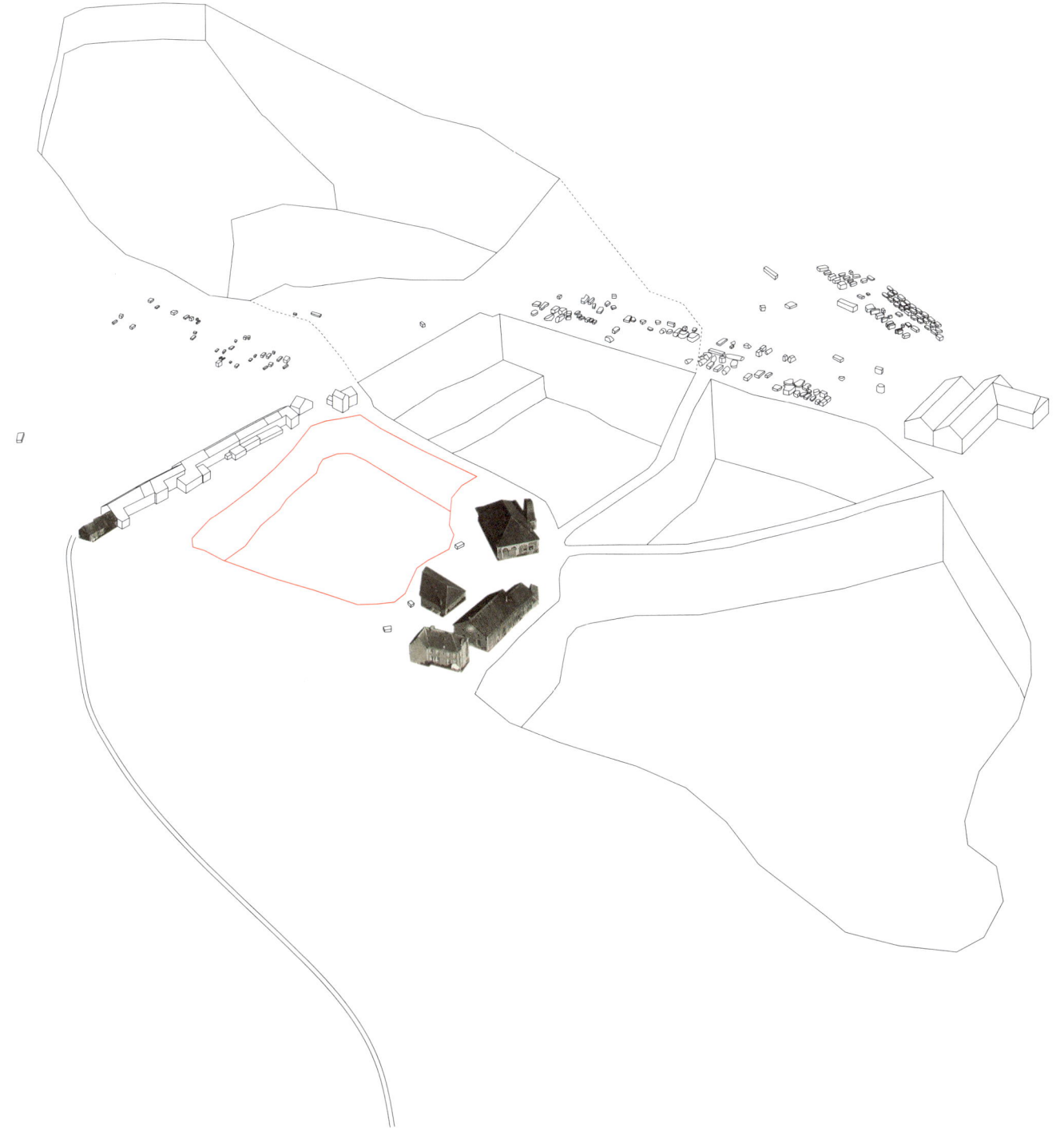

6. UN NOUVEAU POTENTIEL / A NEW POTENTIAL

7. VISION /
OVERALL VIEW

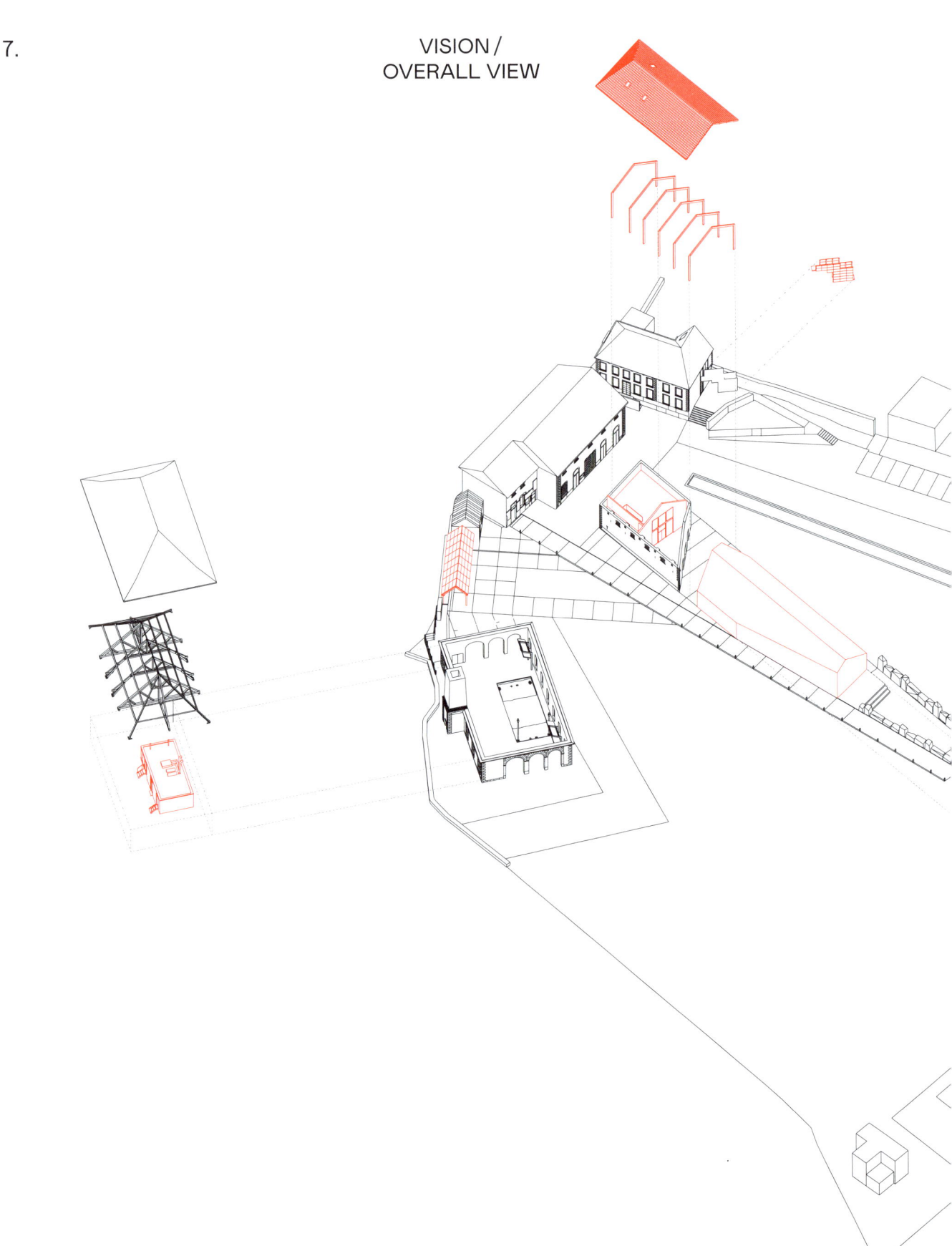

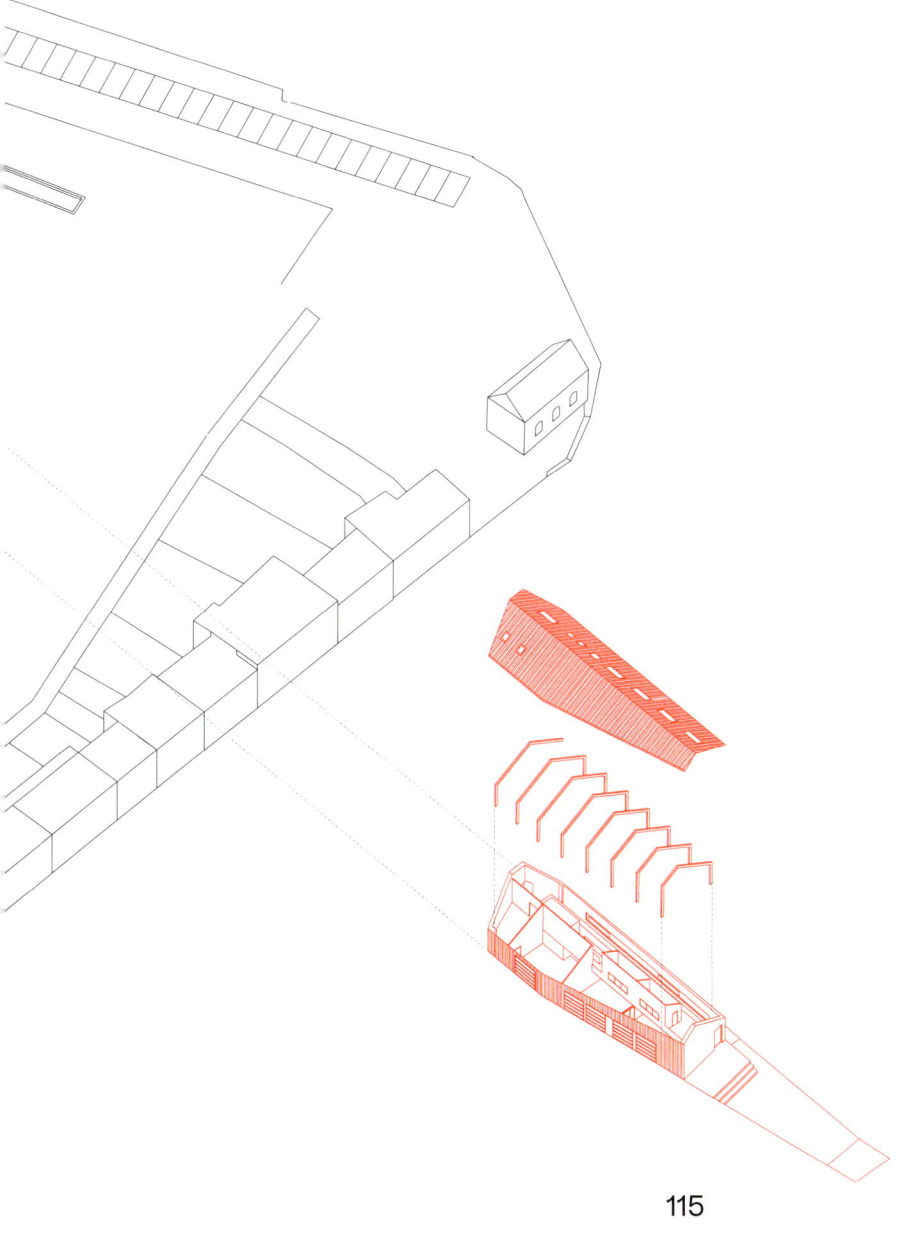

8.

EXAPTATION /
EXAPTATION

  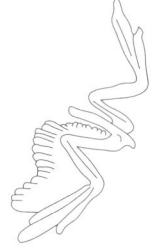

Sinosauropteryx Velociraptor Unenlagia

Origin   *Potential*

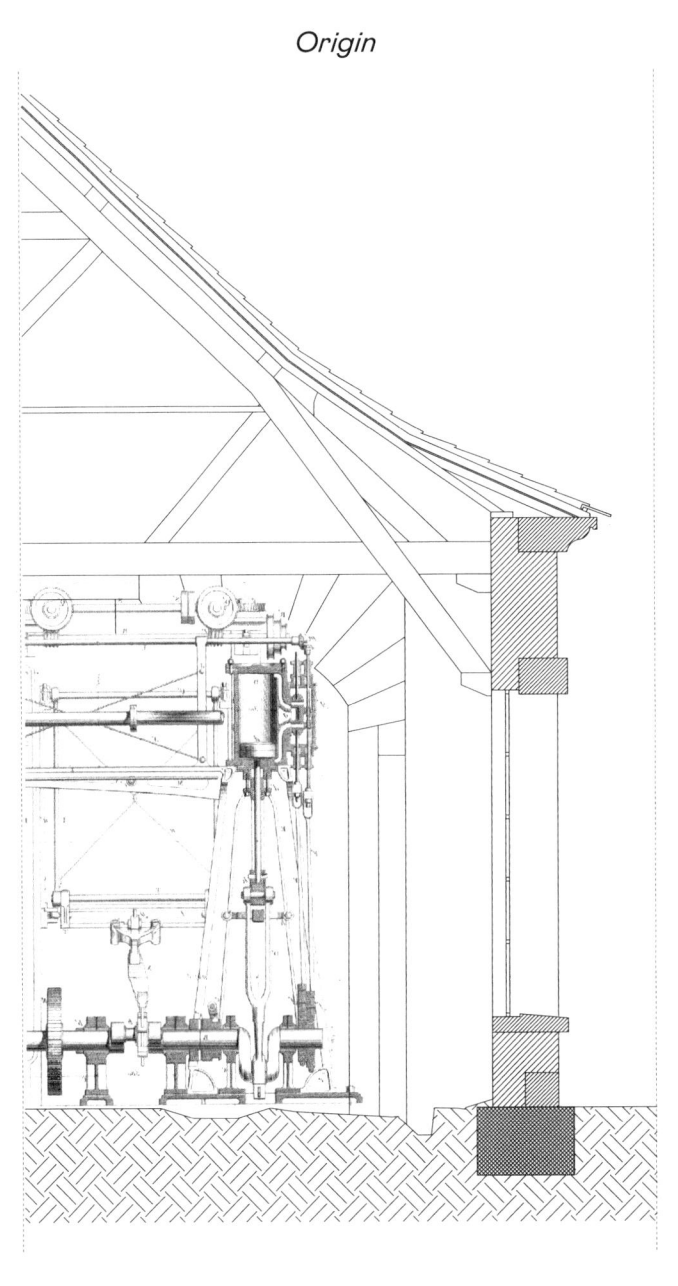 

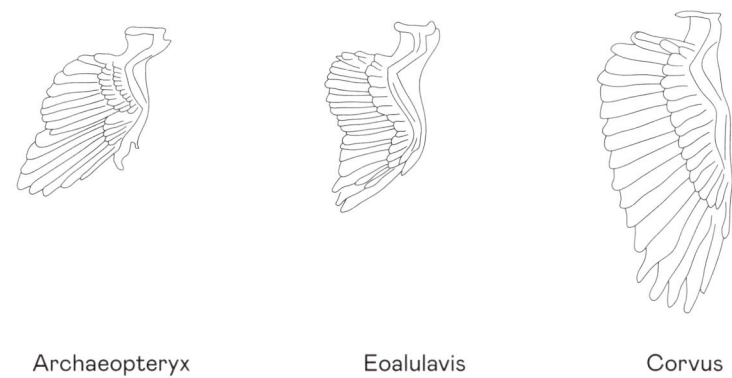

Archaeopteryx Eoalulavis Corvus

Adaptation / Exaptation

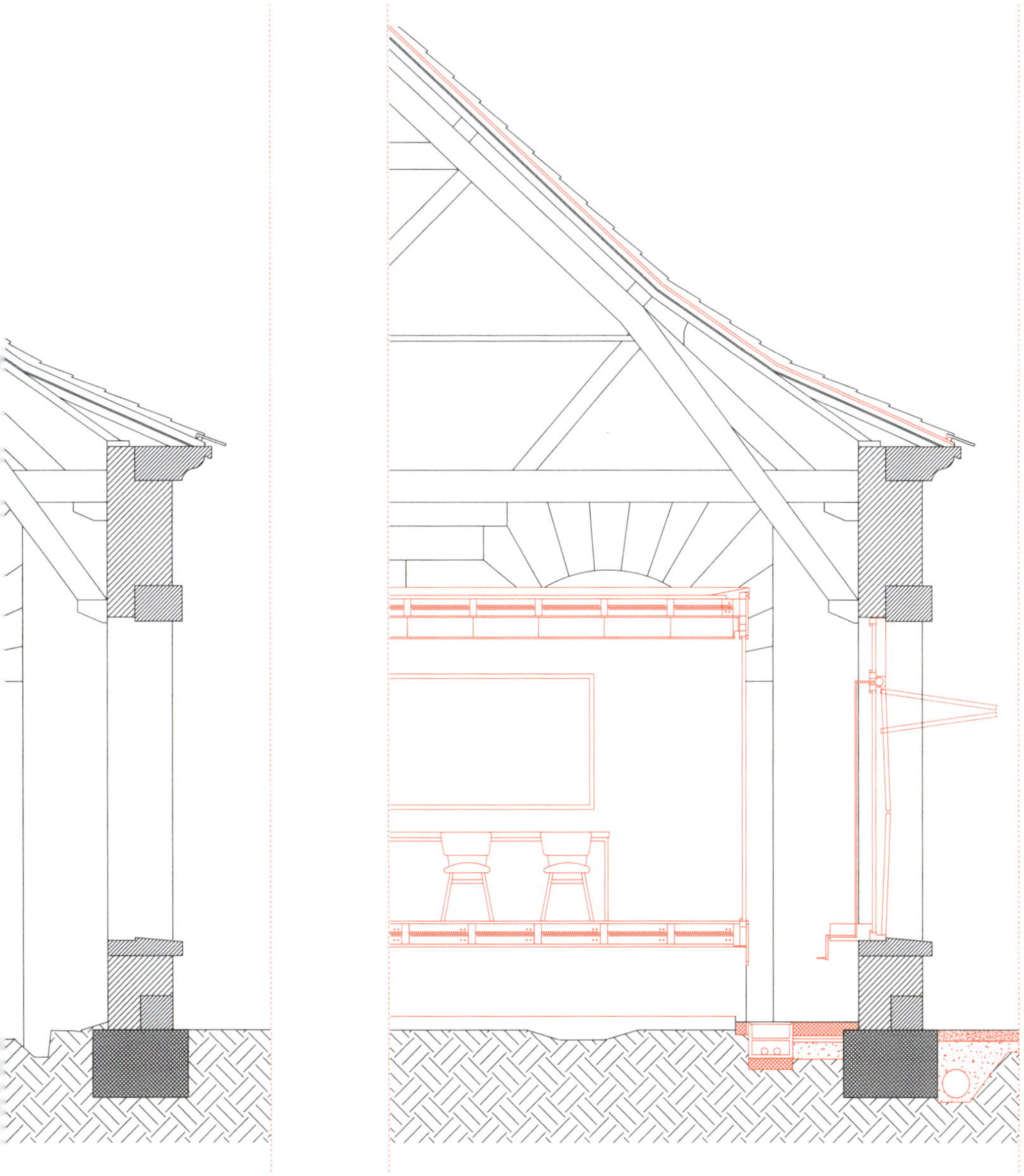

117

9. PROCÉDÉS SPATIAUX ET NARRATIFS /
SPATIAL AND NARRATIVE DEVICES

1	Petit granit – pierre bleue de Belgique	11	Marbre gris des Ardennes
2	Petit granit du Bocq	12	Grès schisteux
3	Calcaire de Meuse dit de Vinalmont	13	Grès schisteux
4	Calcaire de Meuse dit de Longpré	14	Schiste
5	Pierre de Tournai – noir de Tournai	15	Calcaire gréseux de Gobertange
6	Marbre noir de Golzinne	16	Calcaire gréseux de Fontenoille
7	Marbre griotte	17	Arkose
8	Marbre rouge royal	18	Grès du Condroz
9	Marbre gris rosé	19	Calcaire gréseux de Gobertange
10	Marbre gris doré	20	Schiste

10. LA PRÉSERVATION TRANSFORMATIVE ET LE « TOURNANT VERS LE FUTUR » DANS LES PRATIQUES DU PATRIMOINE / TRANSFORMATIVE PRESERVATION AND THE 'FUTURE TURN' IN HERITAGE PRACTICES

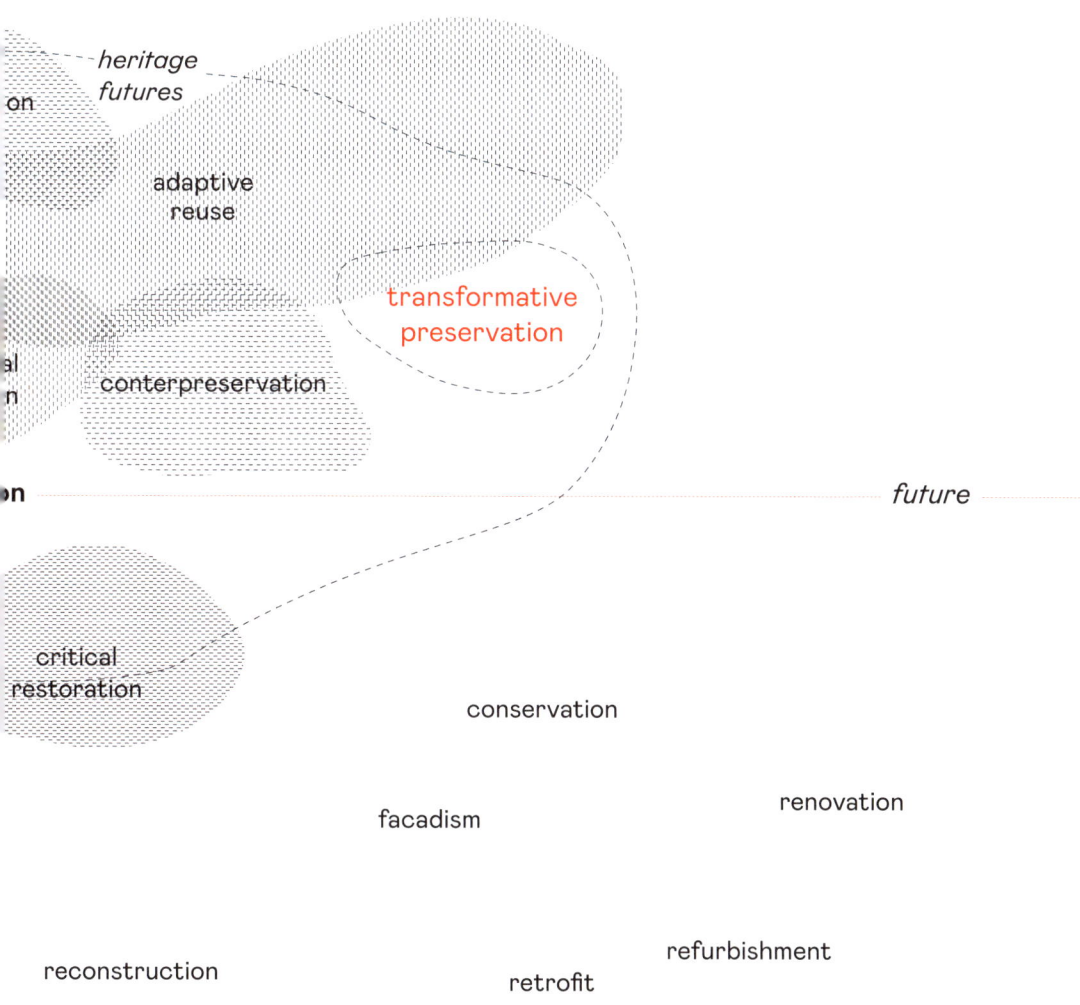

PAST TO FUTURE

THE TRANSFORMATIVE PRESERVATION
OF THE GRANDE CARRIÈRE WINCQZ
INDUSTRIAL SITE

Matteo Robiglio

PART 1.
FUTURE IN THE PAST

*How can we be concerned
with the past
And not with the future?
or with the future
And not with the past?
(T.S. Eliot, The Family Reunion,
Part II Scene 1, 1939)*[1]

1. ELIOT, T.S., *The Family Reunion*. New York, Harcourt, Brace & World, 1939. (https://archive.org/details)
2. JADOT, H., «André Dumont, *Carnets de notes servant à établir la carte géologique*» (André Dumont, "Notebooks used to establish the geological map"), 1837-1857, 20 carnets (Liège, Bibliothèques ULiège, Ms. 587-617) and (Geological map of Belgium and neighbouring countries showing the terrain beneath the Hesbignon silt and Campinian sand) *Carte géologique de la Belgique et des contrées voisines représentant les terrains qui se trouvent au-dessous du limon hesbignon et du sable campinien*. [Scale: 1:800,000], 48 x 56 cm, Établissement géographique de Bruxelles, 1853 (Liège, Bibliothèques ULiège), in OGER, C., SIMON, S., THIRION, P. (dir.), *Empreintes. Patrimoine écrit, témoin de l'Histoire*, Liège, Presses universitaires de Liège, 2018, p. 140-141.
3. The leading reference work on the Belgium's industrialisation remains LEBRUN, P., BRUWIER, M., DHONDT, J. and HANSOTTE, G., *Essai sur la révolution industrielle en Belgique 1770-1847*, Bruxelles, Palais des Académies, 1979. For a critical summary of more recent research perspectives, see VERLEY, P., *Encore l'industrialisation belge au XIXe siècle : à propos de quelques travaux récents*, Revue d'histoire du XIXe siècle, 31, 2005. Accounts of the vital years before the sécession, were first outlined in DEMOULIN, R., *Guillaume Ier et la transformation économique des Provinces Belges (1815-1830)*, Liège/Paris, Librairie Droz, 1938.
4. ANCEAU, A., PRESTIANNI, C., HATERT, F., DENAYER, J., *Les sciences géologiques à l'Université de Liège : Deux siècles d'évolution. Partie 1: de la fondation à la Première Guerre Mondiale* ; Bulletin de la Société Royale des Sciences de Liège, Vol. 86, Actes de colloques, Deux siècles de sciences à l'Université de Liège, Presses universitaires Liège, 2017, pp. 27-101.

1. Potential

Fig. 01. [→ pp. 102-103] Extract and Graphical Interpretation, *Carte géologique de la Belgique et des contrées voisines représentant les terrains qui se trouvent au-dessous du limon hesbignon et du sable campinien*, André Hubert Dumont. [Original scale: 1:800,000], 48 x 56 cm, Établissement géographique de Bruxelles, 1853.

A light blue band crosses André Hubert Dumont's 1849 1:800,000 *Carte Géologique de la Belgique et des contrées voisines*. The brightly coloured 48 x 56 centimetre map was the first comprehensive and scientific map ever established of the Belgian subsoil, the result of sixteen years of uninterrupted personal endeavour.[2] In 1836, entrusted by King Leopold I to draw up a reliable geological map of Belgium, Dumont, then only twenty-seven and newly appointed to the important post as Chair of Mineralogy and Geology at the University of Liège, a post created especially for him by the Ministry of Foreign Affairs, paced a distance of approximately 90,000 kilometres, personally carrying out 20,917 surveys. Not long after Leopold I's coronation in July 1831, the new Kingdom, which had only recently come into existence, launched a clearly defined, ambitious plan for its industrial future. Building on the economic policies introduced by William I of the Netherlands, before the 1830 Belgian Revolution led to the secession of the Southern Provinces,[3] the mission entrusted to Dumont, the son of a coal mining engineer, went beyond scientific curiosity. Embedded within a geopolitical strategy, coal soon became the main pillar of the Kingdom's sovereignty.

Pacing the fields of Hainault province, Dumont scoured the ground for clues as to the presence of exploitable coal veins. The light blue band on his map indicates the calcareous rocks which Dumont called the 'système condruzien' — named after the region of Condroz — which classified them among 'anthraciferous' soils. It was here that lay the real focus of his assignment, intended expressly to chart the earth "avec houille" — containing coal.[4]

On Dumont's map, the light blue band covers an area of rock that contained no coal that might help King Leopold I further his ambitions. Yet, these rocks had been dug, unearthed, worked and traded for centuries. The masons working on Tournai's Notre-Dame cathedral between the 11th and 13th centuries and on the Collegiate Church in Soignies during the 11th and 12th centuries — just as their Roman ancestors had before them — were all too aware of the many possibilities that the local blue stone — *petit granit* or *pierre bleue* — offered. Indeed, Belgian blue stone had been extracted very

125

early on in the Tournai region and later also in the basin of the Senne River, around Ecaussines, Soignies and Feluy. This very compact limestone, formed 350 million years ago, is solid but workable when using hard steel tools. Most importantly, it is both water and frost resistant. Ideal for carving the Romanesque baptismal fonts, Gothic window frames, solid foundation stones, as well as for long-lasting quays, dykes and locks in the region, the presence of this stone has been a hallmark of the architecture and landscape of northern France, southern England, Belgium and the Netherlands since antiquity. Its superior workability has also given us the sensual curves and curlicues of Art Nouveau.[5]

While not as immediately useful as coal, the stone lying beneath the gently undulating landscape of the Soignies countryside showed great potential. Indeed, as with other valuable substances buried beneath the earth's surface, its potential had many facets: economic, mechanical and cultural. But its extraction would require an organisation that would mobilise means, knowledge, manpower and machines. From the early 19th century, science, architecture, engineering, management, labour and finance would reach new heights and on an unprecedented scale.

2. Extraction

Fig. 02. [→ pp. 104-105] Extract and graphical interpretation, *Plan d'une partie des Carrières de Soignies, relative à la réclamation du Sieur Simon Bataard contre la construction d'un pont sur la Senne*, 1839. Pôle de la Pierre, Soignies.

This schematic map was drawn up on the basis of a survey carried out by the chief engineer of the regional public works department, the *Ponts et Chaussées*, in June 1839, following a dispute between neighbouring entrepreneurs over the construction of a bridge over the River Senne. This is the same small waterway that widens further north and becomes the river along which the city of Brussels developed. The map identifies various types of infrastructure such as water channels, roads, bridges, and buildings; and marks out the quarries, marking out their boundaries, and inventorying their owners. As such, the map illustrates the complex overlapping of property, resources and topography, in the initial area of extraction around Soignies and Ecaussines. The land above the vein of blue stone, running south of the town, is crossed by roads and waters that both serve and separate the different quarries and bear the names of their owners.

The same process of extraction is used today, by removing the upper layers of soil and creating an open *trou* (hole) that exposes the southward-inclined vein from which the blocks are cut. Since the bottom of the vein remains well below the water table during extraction, it is crucial that the water be pumped continuously to keep the extraction area dry. The map unmistakably pinpoints the windmills used for this task, with their recognisably circular imprint, along with their drainage runoffs. With the extraction of stone from the earth came a growing artificialisation of the landscape. Indeed, the complete removal of vegetation — except for the gardens of owners and workers — and the widening, straightening and the paving along the natural waterways, even concealing them, was deemed necessary so as to improve access and movement around the extraction sites.

5. CAMERMAN, Ch., *La Pierre de Tournai. Son gisement, sa structure et ses propriétés, son emploi actuel*, and Rolland, P., *La Pierre de Tournai. Son emploi dans le passé,* Mémoires de la Société Belge de Géologie de Paléontologie et d'Hydrologie, Nouvelle série, n° 1, 1944.

In all likelihood, 'Sieur' Baatard was in the midst of suing his neighbour and competitor, Mr. Wincqz, for having vaulted the Senne in 1837—a date that can still be seen on the keystone over the mouth of the covered canal—which caused the flooding both of his property and of the quarry "on the night of the 22nd and 23rd February 1839." (Author's own translation). By observing the holes that are still exposed in the area, now filled with deep, dark water, we can appreciate the consequences of the flooding on his business and gauge Baatard's ire.

The map indicates where the multiple holes were located, some of which were active for decades, if not centuries, along with the names of their owners. From this, we can deduce that the Wincqz[6] family settled in Soignies in around 1720, but that they had already been involved in the blue limestone trade and its extraction a few miles to the east, in Feluy. The Wincqz family company remained at the heart of the stone industry throughout these changes. Transformed into the *Société Anonyme des Carrières et de la Sucrerie Pierre-Joseph Wincq* in 1888, the company remained active both here and on other sites grouped under the name of Les Carrières du Hainaut, after their merger with the Clypot quarries in 2000. The latter were opened in 1898 in Neufville by Hector Heremans.[7] Other quarries also played an important role in the industry. Born in the canton of Vaud in Switzerland in 1776, Baatard[8] sold his quarry to the Gauthier family in 1875, which eventually merged with the Wincqz business in 1935.

The abstract lines of holes, buildings and infrastructure on the map represent a simplified stenography intended for expert readers. Beyond the obvious abstraction, we have to imagine the scene, with the site bursting with life and activity. The various phases of work required to transform the extracted stone blocks into usable, commercially viable and transportable artefacts were carried out within the confines of the quarry.

Simultaneously then, the hole served as both a mine and a workshop. Mined for centuries in the open air, the plant had been powered mostly by animal and human labour, supplemented whenever possible by the ingenious use of wind and water. But rather than viewing it as a single production unit, we have to understand that each quarry comprised a constellation of workers with varying degrees of autonomy, working in small teams in a peculiar on-site system, regulated by piecemeal work. Each specific phase, object or product was entrusted to a worker or team of workers who were paid upon delivery. The workers were employed by a single employer, the *maître*, the quarry owner. It was the owner who provided the necessary capital required to initiate the process of extraction and maintain the infrastructure, and then supervised and coordinated the goals and targets, efficiency and productiveness of the multiple teams working autonomously on the same site.

By the mid-19th century, the previously plural and fragmented world was now revolutionised by the introduction of a new production system. This saw the drastic reorganisation of production into larger, unified, hierarchical bodies that transformed the workshop into a factory, and would require increasing investment to upscale the company. The epicentre of the Industrial Revolution in the stone sector took place exactly here, in what would later become known as the *Grande Carrière Wincqz*. After this turning point, the scale and nature of everything would drastically change.

6. BELLE, J.-L., "Une dynastie de carriers : les Wincqz XVIe-XXe siècle", *Bulletin de la Société belge de Géologie*, T. 102 (3-4), 1993, pp. 277-281.
7. See https://www.pierrebleuebelge.be/a-propos-de-nous/notre-histoire.
8. BAGUET, L., *Frédéric-Simon Baatard, Maître de carrière à Soignies (1786-1852)*, in *Annales du Cercle Archéologique du Canton de Soignies*, Tome XXVIII, 1972-1973.

3. Organisation

Fig. 03. [→ pp. 106-107] Reproduction and Graphical interpretation, *Vue d'ensemble de la Grande Carrière.* Drawing by A. Canelle, published by J. Géruzet in *La Belgique Industrielle*, Bruxelles, 1852.

This turning point is portrayed in the 425 x 300 millimetre print of the *Vue d'ensemble de la Grande Carrière*, in the famous collection *La Belgique industrielle*. With two hundred chromolithographs, this two tome in-folio edition was financed by 160 different industrial firms. Published in 1852 by the Brussels-based editor Jules Géruzet, it illustrated the ongoing, successful industrialisation of the new Kingdom.[9] We can easily imagine Pierre-Joseph Wincqz's (1811-1877) pride in being invited to join Géruzet's vast undertaking and participate in what was essentially a group portrait of a booming industrial global superpower, only two decades after the Kingdom's creation. We are aware of his crucial role and constant commitment to the modernisation of the stone industry through his various roles as entrepreneur, investor, innovator and advocate of innovation, and as a politician. As a liberal freemason, he was appointed as a municipal and provincial councillor, alderman, mayor, senator and member of the Chamber of Commerce, as well as promoter and patron of charitable, educational and social initiatives.[10]

Géruzet was conscious that his subscribers expected a faithful, recognisable and celebratory 'portrait' of their respective companies. On the whole, the collection displays a unity of tone and style, despite the variation among the different artists in charge of the drawings. Intended to promote Belgium as an industrial nation, the public expected not only to be amazed but also to comprehend the peculiar features of each enterprise. The viewpoint chosen uses a mixture of perspectives. Along with a well-established technique for rendering space and axonometry, a new simplified three-dimensional rendering was applied in the engineers' drawings. This very effective hybrid technique gave a representation of the landscape and the infrastructure, such as roads, waterways and railways, that accentuated their central role as logistical connectors, important in enabling the various local production sites to become part of an integrated industrial national network in the collective consciousness. Concurrently, the architecture and the industrial activity that was carried on within, displays a unity of the whole, through their very precise detail.[11]

In the same vein, Adrien Canelle, Géruzet's main contributor,[12] provides an analytical representation of the different activities taking place on the Soignies site. With the same standard of precision, his characteristically appeased pictorial work gives viewers an immediate understanding of the phases of production, enabling them to appreciate the number and scale of the tools, buildings and machines involved. The images also clearly show the overlapping of the old and modern means of production, capturing the industry in its transition to the factory-based system, when the quarry morphed from a workshop into a factory, thanks to the visionary drive of *maître* Pierre-Joseph Wincqz. Appearing here in the middle of the picture, he stands poised on the edge of the *grand trou*, the great hole, caught in the act of explaining the site to a visitor, while embracing the whole domain with a movement of his hand. According to the sublime trope of romantic painting, here is a man pictured at the heart of the forces of nature and history.

9. A reprint drawn from the original at the Central Library of the Katholieke Universiteit of Leeuwenhoek was issued in 1995 under the direction of VAN DER HERTEN, B., ORIS, M., ROEGIERS, J., *La Belgique Industrielle en 1850: Deux cents images d'un monde nouveau*, Deurne-Antwerp, Belfius-Dexia. Numbered 218, the plate dedicated to the Grande Carrière Wincqz does not appear in the reprint, neither is it mentioned in the index of the original reproduced, in which the blue stone industry is presented along with the *Carrière de Pierre Bleue de Madame Huart* (Plate 88) and *the Carrières de Pierre Bleue de MM. Simon et Pierre Baatard Frères* (Plate 116), both located in Ecaussines.
10. Royal Academy of Sciences, Letters and Fine Arts, *Nouvelle Biographie Nationale*, Tome XXVII (Waasberghe-Zypaeus), Brussels, 1938.
11. PIL, L., *La Belgique Industrielle et la tradition du paysage pittoresque*, in *La Belgique Industrielle* Cit. pp. 23-24.
12. On Adrien Canelle and his role in the collection, see ROGIERS, J., «La Belgique Industrielle : le livre et ses auteurs», in *La Belgique Industrielle* Cit. p. 21.

In the background lies the peaceful Hainault landscape of fields and poplars. In the middle of the picture, the quarry is represented as a sort of cliff, exposing the underground stone banks in a geological transection. At the bottom of the hole, we can see the main quarry face, where the *rocteurs* (stonebreakers) are removing the rough blocks away from the face itself. A horse-powered capstan winch hauls a block while it waits, as if in a freeze frame, to be loaded onto inclined rails and hoisted onto the upper yard, from where a horse-drawn cart will dispatch it to the various areas of production. The steam engine that works the *treuil* is housed in a fine neoclassical building, whose smoking chimney lies in the axis of the rails. The shape of the chimney in the picture is reminiscent of Doric columns, similar to the second chimney in the large building to the left — even though in reality both are built on a square plan. Erected in 1843, this was the *Grande Scierie* building: a 15.0 x 26.5 metre brick precinct, with fine blue stone grafts (a neoclassical cornice, three wide three-centred arches on the eastern and western façades, the two series of window frames on the southern and northern façades), covered by the free-spanning wooden-framed truss that supports the elegant, hipped roof that extends gently over the cornice. To the left, a windmill reminds us of the first attempts of mechanisation to anticipate the availability of steam power. Since the 1770s, windmills were in regular use to pump water out of the holes, one of the most critical problems in stone extraction. These were replaced progressively by or coupled with steam powered pumps. The small two-storeyed building on the far left probably housed the first steam engine used on the site, prior to 1785, but the absence of smoke probably belies the fact that it was already no longer in service. Indeed, the building was converted into housing in 1806.

To the right, a smaller two-storeyed building accommodates the *Bureaux*, the administrative and technical offices, built in 1847. The size of its chimney clearly indicates that it was used for heating, and not for powering the site. Ideally located to control the access to the site and oversee production, the presence of this building defines the separation of tasks between designers — the engineers, administrators, the accountant and the worker — in an early, embryonic form of a scientifically-planned work-centered organisation. The specialisation of tasks, the hierarchisation of roles, and the consequent progressive reduction of the autonomy and status of the specialised workers, revolutionised the world of the quarries and other industries at the time. The quarries opened in the western quarter of the Soignies extraction area later in the century, according to the new geological surveys of 1879 that were carried out. However, these were not nicknamed the *Nouveau Monde* in opposition to the *Ancien Monde*,[13] but for purely chronological reasons. The *Nouveau Monde* was also where the powers of the new organisational, financial and technical means of production could be deployed at full scale. Freed from the constraints and complications over extraction rights and family property — as the 1839 litigation map illustrates — and of the customary agreements and conventions that had been respected for centuries, strikes would punctuate the last decades of the 19th century. In his seminal essay on the Industrial Revolution, *The Great Transformation*, Karl Polanyi[14] opposes the old vs. new worlds in his lyrical albeit chilling passage that "capitalism arrived unannounced […] no one had forecast the development of a machine industry; it came as a complete surprise […]

13. For more information, see BAVAY, G. *La grande carrière P.-J. Wincqz à Soignies*, Ministère de la Région Wallonne, "Carnets du patrimoine", 3/1994, and later ID., MAINIL, S. and AUTHOM, N. (coll.), *La Grande Carrière Wincqz à Soignies, Pôle de la pierre en Wallonie*, "Carnets du patrimoine", 142/2017, that includes a complete thematic bibliography.
14. POLANYI, K., *The Great Transformation. The Political and Economic Origins of Our Time*, New York/Toronto, 1944 (ed. 2001, Beacon Press, pp. 93 and 262).

when the dam burst, [...] the old world was swept away in one indomitable surge toward a planetary economy." Further on, he states, almost optimistically, "out of the ruins of the Old World, cornerstones of the New can be seen to emerge."

Nevertheless, we would easily be misled by the old vs. new opposition, if we were to understand that the shift from one world to the other constituted a sudden replacement — especially as many of the quarries of the *Ancien Monde* are still in operation today. In Canelle's drawing, the new industrial logic, which would influence and shape the 'New World' of quarries that began after 1879, was already apparent. On the right-hand side of the engraving, however, the old organisational pattern of infrastructure can still be seen. Under the shade of the temporary straw-built sheds, working in small groups, the stonecutters (the *tailleurs de pierre*) and their aides are busy transforming the blocks, broken into smaller pieces by the stonebreakers (the *rompeurs*), into finished pieces. The work was designated by the *appareilleur* (the chief stone dresser), a specialised worker with a knowledge of stereotomy, during the *criée des pierres* (auction) for labourers paid by the piece. This practice continued until 1899, when a four-month long strike, opposing stoneworkers and quarry masters, led to its abolition.[15] As for the windmill and the steam engines, the old and the new continued to coexist, often coupled together, enabling a system that was more flexible and cost-effective.

The architecture shows the same attention to continuity with regard to change. As with the other sites displayed in Géruzet's portfolio, the style of architecture displayed is one of simplified neoclassical. The column's pedestal in the foreground belongs to a trend that derived from the French 'rationalist' architecture that influenced all other European industrial architectures at the time. Inspired by Claude-Nicolas Ledoux's composite experiments from the late 18th century, this was a style that spread — mostly through the expedient, grid-based design system initiated by J.N.L Durand, during the classes he gave at the École Polytechnique in Paris between 1798 and 1830. Its simplified and rationalist design provided a recognisable architectural identity for the spaces and infrastructure required by a disruptive mode of production.[16]

What the plate does not show, however — but which can still be seen today in the neighbourhood known as the *quartier des carrières* — is the lengthy and profound social impact of the Industrial Revolution, carried out by the Wincqz in the Soignies quarries. Here, the 'New World' was also made up of new social institutions, bodies, and movements. The Wincqz provided housing for their workers, in estates constructed in 1843 along the northern perimeter of the site. In his many civic roles, Pierre-Joseph promoted welfare infrastructure such as municipal schools, both for general education — freed from the stranglehold of the Catholic Church — and technical training. Furthermore, and insofar as his position and status would allow, he inaugurated a new town hall and a new church. As a senator, Pierre-Joseph Wincqz also advocated that Soignies be linked to the national railway line. He obtained the concession for a branch line to be built at his own expense, which would connect the *Grande Carrière* to the national and international networks. On the north-west corner of the quarry, a small stone-built barn was fitted out to house the company's locomotive — another example of the use of steam. Built at the end of a secondary road, still known today as

15. Article dated 14 March 1899 in *Le Petit Bleu du matin*, (https://tunneldesamoureux.wordpress.com/2021/10/27/la-restauration-de-l-abbaye-d-aulne-suspendue/).
16. The reference in industrial architecture to the eclectic iconography of Ledoux and Durand's rationalist methodology has been established in architectural historiography since Kaufmann (1952), Pevsner (1976), and Tafuri (1973) and confirmed here in VERPOEST, L., *Les édifices industriels au XIXe siècle*, in *La Belgique Industrielle* Cit. pp. 53-58. For a recent reading of the shift from language to methodology as practiced by Durand and its lasting impact on modern architecture, see PICON, A., *From Poetry of Art to Method: The Theory of Jean-Nicolas-Louis Durand*, in the 2000 edition of Durand's *Précis* (1802-05), published by the Getty Research Institute, Los Angeles.

le concédé, both the name and the curve in the road testify to its original use as a railway line which connected the extraction to the Soignies railway, inaugurated in 1841 during the construction of the Brussels-Mons line. The *pierre-wagon*, a single masterly wrought stone of 8 x 2.53 x 0.18 metres, still on display on the streetfront of the *Bureaux*, left the quarry on these tracks in 1855, bound for the Exposition Universelle in Paris.

The Wincqz company was also quickly to adopt electric power, entering the second Industrial Revolution in 1894 when it installed Belgium's first three-phase generators on the southern side of the expanded site. This new *Centrale électrique* had the architectural size and grandeur of a cathedral, making it the second monumental building to be erected by Wincqz after the *Grande Scierie*. Today, it still awaits an appropriate reuse.[17]

As always, change unleashes new social forces, and the first workers' movements emerged in Soignies with the 1854 protests over food prices. In 1857, these early protests lead to the creation of a social security fund, financed by workers and employers on an equal, fair basis. While other strikes were reported in 1872 and 1886, a local workers' league was founded in 1885, along with a cooperative created in 1884 and finally a trade union, established in 1897. By the end of the century, the construction of a new *Maison du Peuple* in 1898 marked the acknowledgement of the role of workers' organisations, both in society and in politics.[18] Profoundly reshaped by new rationalist ideals and forms of organisation forged in an industry that was nurtured and dependent on industry, everything was undergoing change, heralding the construction of a *Nouveau Monde*.

4. Mechanisation

Fig. 04. [→ pp. 108-109] Hypothetical reconstruction of the placement of the sawing machine within the *Grande Scierie*, based on archaeological evidence and technical drawings of a similar engine, published in 1863.

The engine powering this revolution is not portrayed, however, in Adrien Canelle's hagiographic representation. The ultimate goal, pursued by the engineers on behalf of investors and entrepreneurs since the beginning of the 19th century, i.e. the increase in productivity, was not reflected either, in the finishing touches, mouldings, frames and indeed in any of the other components of the building. Then as now, this task fell to the confident hands of the *tailleur* — the stonecutter. Indeed, it was only recently that the stonecutter was given the benefit of portable electrical tools and compressed air, that is if he is not replaced by multiple computer-controlled turning machines used for repetitive tasks.

At the time, however, the challenge lay principally in the mechanisation of sawing blocks into thin 'slabs'. Depending on the hardness of the stone, the blades could pierce only between 6 and 20 centimetres every twelve hours. Moreover, the risk of breaking blades prevented the use of higher speeds. The only way of producing more slabs in less time was to increase the number of blades per 'sawing bench'. This required an ever-increasing number of benches that could operate simultaneously, thus replacing human arms with steam-powered iron rods.

17. BAVAY, G., Le premier établissement industriel en Belgique qui ait appliqué le courant alternatif. Description archéologique et contexte historique, in VANDERHULST, G. (ed.), *Industry, Man and Landscape – Industrie, homme et paysage*, Brussels, International Committee for the Conservation of Industrial Heritage – Belgium, 1992.
18. See https://fr.wikipedia.org/wiki/Soignies and *Les syndicats industriels en Belgique* (120 and 241) by DE LEENER, G., published in 1903 by the Solvay Institute of Sociology (SIS), Brussels.

The *Grande Scierie* — the *Big Sawmill* building — was a monument to the achievement of this goal. Its architectural *grandeur* was due largely to the four-bench direct traction steam and water powered sawing machine, which was possibly the first of its kind in Europe and fills the main hall. The machine's plinth, in finely carved in stone — which served as the foundation for its structure and to drain its used water — was uncovered unexpectedly during our preliminary surveys. Only one of the sixteen cast iron columns framing the sawing benches and steering the blades has survived. The machine was probably dismantled in the 1930s, when the vein was exhausted, at a time when the area of the *Grande Carrière* was transformed into a logistics facility. The one surviving column and the pedestals of the other columns were rediscovered during the archaeological excavations in 2014 and demonstrate the familiar neoclassical lines depicted in Canelle's 1852 etching. Again, innovation is cloaked in a familiar, intentionally archaised form. The position of the pedestals proves that the four smaller of the six arched bays opposite, were designed to manoeuvre the stone blocks along the rails, from the external storage area to the two sawing beds that were coupled together. Meanwhile the two wider bays provided access to the workers carrying out maintenance work on the engine.

We know about know this masterpiece of engineering work indirectly, thanks to its later and larger equivalent, also commissioned by Pierre-Joseph Wincqz from the Grand Hornu foundries for his nearby *Scierie des Trois Planches*. This particular project was published in 1863 by Jacques-Eugène Armengaud, professor of Machine Draughtsmanship at the Conservatoire national des Arts et Métiers in Paris, in the 16th volume of his *Publication industrielle des machines, outils et appareils les plus perfectionnés et les plus récents, employés dans les différentes branches de l'industrie française et étrangère*, an important review in the field that was published regularly between 1841 and 1882. The very fact of this, again proves the existence of a closely-knit network that linked the Soignies quarries to the epicentre, the heart of the coal and steel Belgian Industrial Revolution, and to the larger epic story of European industrialisation.[19]

The machine — this machine — was at the beating heart of this *Nouveau Monde*. In the stone industry, in particular, it was this machine that superseded the limitations of human and animal labour and boosted productivity and profit. However, as Siegfried Giedion remarked to architects and the general public in his 1948 seminal work *Mechanization Takes Command. A Contribution to Anonymous History*, the machine, with its multiple relationships with other industries during the same period, on both sides of the Atlantic, soon epitomised a new ideal that could combine time, space and motion. Moreover, its impact would extend far beyond industrial fields. Cities, companies and idealised factories designed around machines, influenced art and design for over 150 years. Indeed, they remain so to this day — deeply embedded in our protocols of technical practice, rational decision-making and aesthetic minimalism, even in the present day, as we enter the fourth Industrial Revolution of the digital era.

The sawing machine along with many others increasingly reshaped the landscape of the Soignies quarries at the time. Its cranes, winches, elevators, pumps, locomotives, drills; and later, generators, turbines etc. produced an ever-expanding divide, a

19. *Scierie de pierre à traction directe par deux machines à vapeur accouplées de la force de trente chevaux, mise en place chez M. Wincqz à Soignies (Belgique) par la Société du Grand-Hornu*. French National School of Arts and Crafts (ENSAM), Paris. https://patrimoine.ensam.eu/ (retrieved January 2022).

third realm, between the human body and buildings. Objects that outweigh human beings in terms of size and proportion tend to dwarf and overwhelm monuments, and require new architectural space to host them, as for instance, the *Grande Scierie* and the *Centrale électrique*. This new machinery could be envisaged thanks to the possibilities afforded by steel and later by concrete construction. They created new landscapes and became new monuments which in turn became part of the landscape itself, as we can see in the gantry cranes towering over the cliffs of the modern blue stone quarries.

These machines revolutionised architectural conception in at least three different ways.

The first was a practical one: adding a new layer of design, in terms of technical planning in building construction. This included moving devices and elements such as elevators and lifts, escalators and pumps, as well as transmission networks and utilities such as heating, plumbing, lightning etc. which began to take over the inhabited space of houses and cities, facilitating the move towards modern comforts.

The second way was epistemological: requiring and thus initiating a whole new body of architectural knowledge and techniques. This inherently modern layer addresses the fundamentally modern issue of carefully organising optimal spatial 'circulation'. As a term borrowed from physiology, 'circulation' in architecture is has become more generally associated with the logistics of bodies, resources and goods in space. It enables architectural buildings to be conceived in ways that allow movement to be channelled in time, through space.[20]

The third, more figurative way, inaugurates the way in which we imagine modern architecture, by taking methods and techniques from and made by industry and subsequently incorporating them into buildings. The aim here is to develop the practical side of modern comfort and transform these elements into expressive features of a high-tech *International Style*, to the point of conceiving an entire edifice — or even a city — as a machine.[21]

5. Depletion

Fig. 05. [→ pp. 110-111] Reproduction and graphical interpretation; Aerial photography of the *Grande Carrière*, c.1960

An aerial shot taken in the early 1960s shows the transformative power of production on the site on an industrial scale. The hole of the *Grande Carrière* site had been exhausted by the mid-1930s and refilled with rubble from neighbouring quarries, as production moved southwards along the rock vein. Since the early 20th century, electric-powered gantry cranes were able to lift blocks directly from the bottom of the quarries, resulting in vertical walls plunging theatrically tens of metres to the earth, in an effort to exploit layers deeper down. The lifelines that fed production sites, such as the waterways, electricity lines and roads, ran along thin, pared-down rock cliffs known as 'espontes'. The 1839 map showing the level of extraction and production possible had been meticulously taken to its literal extreme: an artificially construed topography, wholly subject to the logic of extraction, in a brutal, man-made landscape, where nature ends up as either annihilated or domesticated. As new modes of production, post-1960s, no longer required the formal assertiveness of the 'mon-

20. FORTY, A., "Spatial Mechanics – Scientific Metaphors", in Id., *Words and Buildings: A Vocabulary of Modern Architecture*, London/New York, Thames & Hudson, 2000, pp. 88-100.
21. The best examples of this can be found in the 1920s architectural utopias of Russian Constructivism or in the *Radical Design* of the 1960s.

uments' of the first Industrial Revolution, so architecture became increasingly irrelevant to industry. The buildings that had once been the pride of the Wincqz family, lost their productive role or were downgraded to become minor logistical or secondary storage facilities and eventually abandoned in 1990.

What better example do we have of the impact of Capitalism? Irreversible, uncompromising and violent. Contemporary environmental awareness has made us progressively uncomfortable with radically transformative modes that were once reasons of pride. This awareness has grown, to the extent that critical economic and social studies have adopted the metaphorical neologism of "extractivism" to define unsustainable and unequal development models.

Yet, the tale of the Soignies blue stone industry — and particularly that of the *Grande Carrière* — has more plots in its story than simply the extraction that led to its exhaustion. This is not only because the industry was able to evolve and maintain the engine of the local economy, with its geological resources and related jobs that could not be relocated overseas, but also because tangible assets — buildings, infrastructure, and landscapes — and intangible assets — knowledge, skills, capabilities, networks, capitals, organisations and even local identity — are considered undeniably as resources, created by centuries of industry that can outlive the extractive activity. When the pristine potential of geological resources had been exhausted, the industrial legacy remained an added value, holding onto that great potential for the future of the site, the community and indeed the whole region.

PART. II
PAST TO FUTURE

6. A New Potential

Fig. 06. [→ pp. 112-113] The Grand Carrière area before the intervention (Ground-floor plan), represented as an archaeological site

When life ceases to exist, the only vestiges of its burgeoning multiplicity are its empty shell, a footprint, a wreck. A form of absence. In the field of architecture, this is embodied in a ruin. Nonetheless, ruins do not have to be associated necessarily with the romantic image of broken columns and crumbling walls. Buildings do not need to collapse to become ruins. When life deserts them, bricks, stones and wooden trusses remain suspended through neglect, in a precarious intermediate state, hovering uncertainly between what they were and are no more. To quote Georg Simmel, in his definition of the peculiarly suspended, albeit fertile aesthetic state of ruins in his 1907 essay *Die Ruine*, they find themselves "between the not yet and the no longer."[22] A slow reversion to Nature. Because, by coming to the end of their useful life, they are also no longer looked after as they used to be, which opens up a gateway to the patient action of time and its 'agents' — the weather and vegetation — on 'human artefacts'. Not only because of this but also by no longer being useful, they deprive human artefacts of the intention that originally shaped them and gave them purpose and meaning. The broken nexus of form and

22. SIMMEL, G. *Die Ruine: Ein ästhetischer Versuch* in *Der Tag*, n° 96, Berlin (translated by David Kettler as *Two Essays: The Handle, and The Ruin*, Hudson Review, 1958, 11:3).

function — particularly obvious in industrial architecture and shaped by and for production flows — leaves behind silent traces, of a past whose meaning remains entrusted to the fading collective memory, dispersed archives and stubborn local historians.[23]

We still have a relatively good understanding of the layout of the site and of the role of each building and their functions. However, we have already lost a more accurate knowledge of the mechanics, hydraulics and operations of the four sawing benches of the *Grande Scierie*. The only deductions we can make, are from the cast iron pediments and the stone basements that were uncovered during the preliminary surveys; and from the drawings published later of a similar engine that broadly matches it, in terms of archaeological evidence.[24]

Nevertheless, it is clear that these relics were built and designed in a way that exceeds their strictly temporal function that includes the material and immaterial dimension — such as, for example, an overtly robust construction; an exaggeratedly resilient piece of engineering; and an excessively crafted piece of design with a very explicit, recognisable form. This capacity for excess means that these can be retained and remain a valuable reservoir, which can be used as a potential resource for further action, new intentions and future reuses. As they resist decay and outlive obsolescence, this physical reserve constitutes a solid repository for the collective memory and social history — the story of the ordinary men and women whose lives did not leave any traces in the institutional archives — which would otherwise fade aimlessly in the flow of time and the passing of generations.[25]

It is difficult to imagine how the flimsy post-war metal sheds, which house the stone facilities in neighbouring quarries today, will be able to leave us any worthwhile ruins. Specifically tailored to specific needs, and designed and engineered to minimise costs, they fight the rust and decay that will rapidly eat them away they are no longer maintained, if indeed they are not sold off as scrap metal at the end of their operational life. They possess no particular potential that can be assigned to posterity. These will make wrecks, not ruins.[26] In any case, these were probably never intended to embody any identity, not even a corporate one. Nonetheless, Wincqz endorsed Géruzet's endeavour to commission Canelle to 'portray' their architecture. In an alternative demonstration of power, Wincqz's heirs to portray their own 'brand' with aerial views of the powerful, open-faced excavations and detailed photographs of the imposing operating machines. We can rest assured that the Wincqz were driven by passion and pride but were nevertheless compliant to a strict economic rationale — as their heirs are today. Their attention to the commission, execution and communication of their architecture (and machines) was part of a strategy to enhance their reputation, aimed at building and establishing their fame as leaders and innovators. This went well beyond simply sheltering their engines from the rain and wind. They wanted — and consequently engineered — their legacy to last, as evidenced by the dates carved on the lintels and keystones of the buildings.

At the turn of the 20th century, seventy years after production stopped, the Wincqz's legacy was still proudly intact, even though trained eyes might have begun to identify the signs of advancing decay and their potential or eventual collapse. We first visited the site at dusk in January 2012. We had just learnt of a competition,

23. In his exploration of the crucial moment in the life of buildings — and especially utilitarian buildings — when their original function ceases, Daniel M. Abramson sees three possible ways of dealing with obsolescence: making sure that a building may work regardless of functional change; stabilising architectural form against architectural deformation; or picturing the process of obsolescence and embracing it. (ABRAMSON, D. M., *Obsolescence: An Architectural History*, The University of Chicago Press, 2016).
24. For further reading on the conservation of operational engines in the stone extraction industry, see CALISTE, L., "*De la carrière à la marbrerie : des machines monumentales au devenir incertain*", in *Patrimoines du Sud*, 4/2016, *Les marbres du Midi: de la carrière à l'œuvre d'art*.
25. GUIDETTI, E., ROBIGLIO, M., *The Transformative Potential of Ruins: A Tool for a Nonlinear Design Perspective in Adaptive Reuse, Sustainability*, Vol. 13 (10), 2021; BAIMA, L., ROBIGLIO, M., Intensity. *Revealing the Potential of Spaces, in New Metropolitan Perspectives. NMP 2020. Smart Innovation, Systems and Technologies*, BEVILACQUA C., CALABRÒ F., DELLA SPINA, L., New York, Springer, 2021, pp. 870-877.
26. According to Antoine Picon, "The ruin […] restores man to nature. Rust, on the other hand, confines him within the middle of his own productions, as if within a prison, a prison all the more terrible since he is its builder." (Anxious Landscapes: *From the Ruin to Rust*, in *Grey Room*, Autumn, 2000, n° 1, p. 79, [transl. K. Bates).

launched by the *Institut du Patrimoine Wallon*,[27] to redevelop the site as a vocational school for training young people in the techniques of stonecutting. We were still unaware then that the last surviving cast iron columns of the sawing engine had been spared after the wooden truss had given way; that rust had irreversibly eaten the original T-profiled window frames; that the stones topping the perimeter walls were now loose. But we could still grasp the quality of the construction of the *Grande Scierie*. We recognised how elegant the building of the *Bureaux* was, still bearing the P*ierre-wagon dated 1855*. We noted the roof beams that had fallen away from the brick walls, exposed to rain as frost eroded their joints. We were deterred from entering but would subsequently discover inside, that the wood-eating fungi and other xylophagous insects had proliferated, eating everything in their wake. We paid less attention to the other two service buildings: the *Magasin à Clous et à Huile* (the nail and oil store) and the *Menuiserie et Forge* (the carpentry workshop and the blacksmith's forge), which had been added to the *Pavillon du Treuil* in around in 1870. This last building was named after the *'treuil'*, the steam-powered winch or hoist that lifted stones from both holes that belonged to Wincqz. Work on these, formed part of a second, conditional phase, and were not included in the first phase of work.

A comprehensive inventory of the site would have listed the following sites: a roughly trapezoidal plot of 1.75 hectares of flattened ground, corresponding mainly to the quarry hole and subsequently filled, whose outline can still be deduced from the angled front of the *Magasin à Clous et à Huile*, near the buildings, and which is still partly stone-paved. Elsewhere, the buildings are overgrown with a tenacious vegetation that colonises industrial soils, encumbered by blocks from the adjacent active quarry, and cut by a drain we learnt later was nicknamed the *Canal Albert*. The site was accessible from all four corners, bordered by the Chemin Mademoiselle Hanicq that runs along the vaulted River Senne, a confluent of the Perlonjour, the stoneworkers' accommodation and a long retainer stone wall that sealed off recently built private houses and gardens. Five brick and stone buildings were clustered together along the road. Their size ranged from the 397 m^2 of the *Grande Scierie* to the 75 m^2 of the *Pavillon du Treuil*, totalling about 2200 m^2 of floor surface, covered in wooden carpentry coated with tiles or slates. Rusted relics of structures, machines, engines and supports were visible both inside and outside the buildings.

A more accurate list should also have included intangible, albethey crucial assets. Reports and essays published since the mid-1970s serve to tell the history and the myth of the Wincqz family and their stone quarries. The renewed passion in the industry to learn about its origins and story turned these into ingredients for the construction of a successful brand identity in an increasingly competitive global market. Such was the legacy that remained after production had ceased. The blue stone layer below the arable land before extraction was the first, natural potential of the site. The exploitation of this primary potential also left a sizeable legacy, both materially and immaterially: a secondary, man-made, cultural potential that intention and willpower, knowledge, capital and labour could once again bring to life. Conditions had matured by 2011.

27. *The Institut du Patrimoine Wallon* (IPW) was the regional public institute created in 1999 to protect and spread awareness of cultural heritage in Wallonia. In 2018, the IPW merged with the heritage department of the Walloon Public Service (SPW) to form the *Agence Wallonne du Patrimoine* (AWaP).

7. Vision

Fig. 07. [→ pp. 114-115] The Grand Carrière area after the intervention (axonometry); in red, additions and transformations; in black, preservation.

In the early 1990s, the movement that defined and constructed the site Grande Carrière Wincqz site — both outside and inside its walls, including the *Grande Scierie* — as the symbol of the whole epopee of the stone industry of the Hainault, Wallonia and indeed Belgium — had gained sufficient momentum to bring about a change in the status of this legacy, from a brownfield to a heritage site. The official act that inaugurated its second life was its listing on the national inventory of heritage sites on 24 June 1992. In 1994, during the *Journées du Patrimoine*, visitors flocked to the site, where they were welcomed by volunteers, enjoyed a *bière bleue* ('blue' beer) in a temporary bar set up specially for the occasion, and met the producers of 'quarry-made honey'.

In 1995, an article by the historian Gérard Bavay, a specialist in construction and materials, was published in the 15th volume of the *Bulletin de la Commission Royale des Monuments, Sites et Fouilles*. Recounting the debate on the reuse of the *Grande Carrière* from the late 1970s onwards, Bavay lamented the dangers of neglect and vandalism, before launching a persuasive call to action. Bavay's plea lists the driving forces in favour of a 'new dawn' for the site: the growing interest in the stone industry and the market in heritage restoration; the demand and scarcity of a trained, specialised workforce;[28] and the attractiveness of cultural tourism and the availability of EU funding. His vision found a champion in the *Maître de carrières*, Jean-Franz Abraham, the owner of the site, who made the site available as part of an emphyteutic lease. This vision was further developed when, in 2011, Sébastien Mainil from IPW, conducted a comprehensive feasibility study, launching the idea of reusing the site as a training facility for workers in the stone industry. This was opened in 2017 as the *Pôle de la Pierre* (Stone Centre), with plans to extend it already put in place in 2018.

Many proposals to save endangered heritage sites remain fruitless, because they appeal to the past without being able to mobilise the future. In our case, the significance of the proposed vision was rooted essentially in linking the past to the future. The vision highlighted the transmission of skills and a knowledge of the industry to new generations, embodying a sense of permanence and a commitment to innovation that combines content and context. The young apprentice stonecutters were to be trained within the same walls that embody the glorious past of the industry they were about to join. The clarity of this vision saved the site from the uncertainties that originate from confusing the urgency of preservation with a long-term sustainable reuse programme. Here, success lay in 'federating' the material and immaterial energies needed for preservation, in an agenda that was full of transformative ingredients.

The process of transforming the abandoned *Grande Carrière* into the lively *Pôle de la Pierre* illustrates to what extent architecture is the product of a networking community of interests and competences, as Bruno Latour and Albena Yaneva propose in their article *Give me a gun and I will make all buildings move: an ANT's view of architecture*.[29] An ideal networking map in Soignies would list the

28. See WAJNBLUM, A. *Tailleur de pierre: un fabuleux métier qui se meurt*. Le Soir, published 22.06.2002.
29. First published in GEISER, R. 2008 (ed.), *Explorations in Architecture: Teaching, Design, Research*, Basel, Birkhauser, pp. 80-89.

following actors: the architecture and engineering team in charge; the archaeologists and phyto-archaeologists; the client, the *Institut du Patrimoine Wallon*, later renamed as *Agence Wallone du Patrimoine*, a public institution dedicated to heritage awareness and protection; the builder, or more precisely, the builders, due to a Belgian law that requires public contracts to be split up to make small companies eligible to them; and heritage experts, who ensure that every even minor decision is deliberated in a specially appointed heritage steering committee that includes industrial historians, heritage civil servants and local representatives. Major issues were further submitted to the *Commission Royale des Monuments Sites et Fouilles de la Région wallonne*. The education experts from existing vocational schools, who were to move classes to the site, were regularly consulted on equipment, requirements, dimensions, layout and logistics. The planning permission process involved the city's planning departments and required several public hearings at the City Hall. Neighbours watched the construction site from their homes and gardens. Local amateur botanists collected and classified plants from the site. The neighbouring Pierre Bleue Belge quarry was still in operation, then under the direction of Jean-Franz Abraham, and the extraction area largely extended in 2019. After the first phase was completed, the management staff, caretaker, teachers, maintenance crew, trainees and pupils moved onto the site, while the second building phase was still under construction: all had a say, both on what had been and what was still to be done. To assemble the open-air stone collection, each of the twenty-one associate quarries under *Pierres & Marbres Wallonie* contributed one or more samples from its production line. Occasional conflicts with subcontractors were also dealt with by lawyers. Far away in Brussels, anonymous EU bureaucrats were probably busy checking formal compliance requirements in the funding and accountancy sheets. Towards the end of the process, a graphic designer summed up its meaning in a simple, effective logo.

Yet, the programme was also a serious challenge to the monument itself. Training facilities had to comply with specific standards in terms of space, comfort, equipment, infrastructure, health and safety, and energy requirements. Essentially, it serves as both a school and a workplace. The goal of dissemination and transmission — through open days and practical courses, designed for lifelong education and a non-professional public of all ages — added to an already demanding mixture, requires openness and accessibility to the general public. On site, this has now become part of normal everyday life, where it is not unusual to see classes of amateurs learning to restore dry stone walls or primary school children discovering the practicalities of applied geology.

Such is the recurring contradiction in reuse agendas, between inherited assets and expected level of performance. When a heritage asset is reused as a whole — restored in the sometimes, imaginary completeness which Viollet-le-Duc first advocated, supplemented by layers of contemporary technology — the resulting contradictory mix of rupture and continuity is either eased or hidden. Minimising evidence of the new or inflating a deliberate conflict between high-tech and the old, can be either understated or overstated. We have chosen to maintain the contradiction and enact the transformation necessary for the immediate direct reuse of the site, while preserving the delicate layering of traces and signs.

8. Exaptation

Fig. 8. [→ p. 116-117] The conceptual analogy of adaptation/exaptation in palaeontology (from *The National Geographic*, Vol. 194 N. 1, 1998) and architecture.

While we were working on the project, we were also investigating the bottom-up social practices of adaptive reuse and their incorporation in top-down architectural and art projects, as forms of 'post-production'. This term was first proposed by curator and art critic Nicolas Bourriaud to frame a vast realm of artistic practices rooted in Surrealism, Situationism and Pop Art, where "artworks [were] created based on the pre-existing work on existing spaces and assets."[30] It is worth noting that Bourriaud was appointed in 2000, along with Jérôme Sans, as the joint director of the Palais de Tokyo. The 1999 competition for reusing the 1937 World Fair edifice by André Aubert was won by architects Anne Lacaton and Jean-Philippe Vassal, with an entry based on a minimalist adaptive reuse approach that complied with the restricted budget and the delicate pre-existing building: in short, a 'post-production' project, in tune with Borriaud's framing of contemporary art practices and curatorial programme.

We were intrigued by experimental approaches to preservation, and the possibility of redefining established conservation paradigms, while reviving and re-opening old issues over heritage and design, memory and the future.[31] Whether enforced or self-imposed, the scarcity of means, which characterises adaptive reuse practices, achieves an effective integration of the old and new, by renouncing any ideal of completeness and formal unity. The mutual adaptation between content and context enables the construction work to be kept to a minimum, thus concentrating the intervention on new uses, where integrating existing assets is required with timely, plugged-in, state-of-the-art infrastructure. In this process, the first adaptation is to find a match between the new uses and features — size, matter, form — and the architectural legacy. Typology, layout, structure, construction and materials are unique and alive in each building. They result from the pristine configuration of uses in space, modified by earlier adaptations. Unsurprisingly, the first attempt to understand the way in which architecture adapts to new uses over time came in the later years of in the 20th century, when post-war growth came to an end. The debate — at least in post-industrial Europe and USA — then shifted from the production of new buildings to the reuse of existing assets, well beyond the comfortable realm of timeless heritage, often deprived of any practical use.

The emerging issue of 'reuse' was first framed by Stewart Brand, an irreducible outsider who navigated the Californian counterculture between self-building, anarchist communities and cybernetics, in his 1994 seminal work *How Buildings Learn*.[32] Brand describes the time between the completion of a building and its demolition or its 'museification' as a vital period of evolution, in which the building engages its users and grows in complexity, as its consecutive adaptations meet their evolving needs. Any of these adaptations—including those on which we were then working — are enabled by factors that were already present in the original organisation, and which become relevant or even crucial when new conditions arise and the original intentions vanish. Forms

30. BOURRIAUD, N., *Postproduction. Culture as a Screenplay: How Art Reprograms the World*. New York, Has & Sternberg, 2002, p. 7 .
31. Published in ROBIGLIO, M., *RE-USA: 20 American Stories of Adaptive Reuse. A Toolkit for Post-Industrial Cities*, Berlin, Jovis, 2017
32. BRAND, S., *How Buildings Learn: What Happens After They're Built*, New York, 1994. The book became in 1997 a successful BBC 6-parts TV series, still available on Brand's YouTube channel. On Brand, see also: TURNER, F., *From Counterculture to Cyberculture: Stewart Brand, the Whole Earth Network, and the Rise of Digital Utopianism*, Chicago, The University of Chicago Press, 2008.

might originate from function, particularly in the case of industrial architecture, as we learned when discovering how the *Grande Scierie* was shaped around the machine that it was originally designed to host. But once stripped of its original function, the building can be adapted, thanks to features which in fact exceed their original function. Rather than calling it 'adaptation', we could define this process as 'exaptation', a neologism coined in 1982 by palaeontologist Stephen Jay Gould to avoid the possible teleological implications of 'adaptation' in Darwin's evolution theory.[33] In Gould's view, evolutionary change was not merely the result of an 'adaptation' of characteristics to the environment — which comes dangerously close to an intentional design. Rather than the architectural counterpart embodying the improbable notion that all future uses could already be integrated into the preliminary drawings — they would instead reflect the existence of redundant and recessive characteristics, where the conditions for mutation might be 'co-opted' and turned into a dominant force. Gould uses the example of dinosaur feathers whose 'primary exaptation' was undoubtedly that of heat insulation, but which later was 'co-opted' into a 'secondary adaptation' and became 'post-adapted', or, as we would say, "reused". What we call adaptation is thus the uncertain, unpredictable process of developing *aptitude* rather than signifying a miraculous discovery and asserting itself as apt from the outset. Gould's proposal then was to substitute the determining prefix 'ad-' with the more realistic 'ex-'. Consequently, it is in the latent potential of form that did not fulfil its function where we should search for factors that can enable and anticipate change.

In our specific brief, there were several examples of "secondary adaptation" that we encountered: the cast-iron column, which is no longer used to support the sawing engine, had a load-bearing potential that made it fit for reuse as a support for a damaged tie beam from the roof truss; the sturdy walls, whose brickwork quality was still adequate, but which had now outlived its original use. The bearing capacity of industrial floors and the large spans of industrial roofing freed up space that increasingly matched our ideal of flexibility in industrial sheds, and enabled us to envisage new, unforeseen, impromptu layouts. The finely chiselled numbers on the lintels, marked indelibly with the family's identity and corporate pride, can also be reused, even after decades of neglect. In a climate more favourable to preserving industrial heritage, these numbers are proof of their exceptional quality and justify the conservation of this superb *millésimé* building.

On the one hand, each major or minor element, inherited from the past, is kept in place, dusted, cleaned and fixed if needed. Cured and curated. With the patience of the caretaker, the attention of the archaeologist, and the taste of the antiquary. Stone arches, cast iron columns, wooden trusses, brick walls and moulded concrete frames. The nails in the beams, the hooks in the walls, the insulators for the first electricity distribution system; fragments of plaster, overlapping layers of paint, fissured stones and illegible signs are all part of this. The only things that are replaced when condemned beyond hope are: rotten wood, corroded iron, porous tiles and mouldy cladding. Preserved, not restored. Halting or slowing their decay — but not reversing it. What was lost, can be lost forever. Consistent with our contemporary, Western, relativist, historicising, philological notions of authenticity, which understands heritage as the confused script

33. GOULD, S.J., VRBA, E.S., *Exaptation. A Missing Term in the Science of Form*, Paleobiology, Vol. 8, n° 1, 1982, pp. 4-15.

of controversial traces and inconclusive clues. In tune with a taste for fragments, hybrids and overlays. Rooted in John Ruskin's 21st century Romantic aesthetics and transmitted through the 20th century avant-gardes to Pop, Postmodern and even Deconstructivism. But also consistent with our mounting concern to extend the lifecycle of organised matter — as built spaces and their components — preserving the energy contained in organised structures.[34]

On the other hand, we have used only one material — galvanised metal — which was uncompromisingly added in its most objective expression. A material that we used to adapt the existing buildings to the new requirements of comfort, safety and accessibility. Selected for its low cost, versatility, robustness and durability it was also chosen for its texture, colour and shine, reminiscent of the shades of blue stone; and finally, for its amenability to mechanical engineering and its compatibility with the executive precision of machine construction. Unsurprisingly, the engineers of the Grand Hornu foundries had chosen similar materials for their machines: cast iron and steel. Unmistakably new yet profoundly consistent with the maxims of durability, this new layer has been added to the palimpsest of the site, to revive and perpetuate its interrupted story.

9. Spatial and Narrative Devices

Fig. 09. [→ p. 118-119] Examples of narrative devices: the monumental monolith on the street front (source: *Monolithe en pierre bleue des carrières de Soignies, en Belgique*, published in the French illustrated weekly newspaper L'Illustration, from the Exposition Universelle de Paris, 1855); stereometry traced on the window panes (Source: *Démonstrations relatives à la poussée des voûtes*, Planche V. *Architecture et parties qui en dépendent; Encyclopédie ou Dictionnaire raisonné des sciences, des arts et des métiers*, Plate, Volume I,1762); open air collection of slabs and cobbles from Wallonia stone quarries, on the front of the new wing.

As for the extraction of the blocks from the blue stone vein, the extraction and enhancement of the site's potential has been made possible by conceptual, spatial and operational techniques and procedures that organise workflows and enable activities.[35] Conceived within the same economic rationale and uncompromising freedom enjoyed by many of Wincqz's machines, these techniques and methods took on new functions and complied with new standards, while preventing historical artefacts from being altered by them. Together, they form superimposed layers that enrich their industrial legacy and activate the potential for new possibilities. These are the replicable elements of a grammar that can be continued in the future. Independent from existing structures, they can be dismantled, displaced or removed, obeying the principle — stated in all Restoration Charters — that any intervention on heritage has to be reversible.

Teaching in the *Grand Scierie* has become both passive and 'clean' (theory) but also dynamic and dusty (practice). Theory is taught in the new 'box', clad in galvanised steel, and suspended over the excavated remains of the sawing machine. In this box, the offices, lecture room and changing rooms — all complying with the requirements for comfort — are condensed within a small, air-conditioned space. When they are working, trainees can pick any position under the big roof, equipped with an in-built radiating heating system, lighting, power and compressed air — all integrated into

34. BENJAMIN, D., *Embodied Energy and Design: Making Architecture Between Metrics and Narratives*, Zürich, Lars Müller, 2017.
35. BAIMA, L., ROBIGLIO, M., *"Intensity of Uses and Spatial Devices"*, in: *Abandoned Buildings in Contemporary Cities: Smart Conditions for Actions*, Lami I. (ed.), New York, Springer, 2020, pp. 29-48.

'technical poles'. Or they can go outside in warmer weather and enjoy the steel-built lean-to annexe outside, equipped with photovoltaic panels — a first of its kind for a listed site in Belgium. Natural light can be dimmed by folding back the new steel shutters, which also secure the building when it is closed. Galvanised steel frames have now replaced the original light cast-iron gridded windows.

The premises for management, administrative functions and common rooms are located in the *Bureaux*, thus reinforcing the original managerial role of the building. The pitiful state of the internal structures and brick walls, eaten by fungi and insects, imposed a radical intervention, with a complete reconstructing of the horizontal structures. Meanwhile, a vertical light shaft improves natural lighting, making office work easier and reinforcing a sense of unity among the team, through the spatial unity. An added external independent stairway provides access from the outside to the caretaker's private apartment. The box-inside-a-box concept of the *Grand Scierie* is reproduced on a larger scale in the two-storey cafeteria, within the brick walls of the *Magasin à Clous et à Huile* storehouse. A galvanised steel structure covers it, extending over the diagonal wall. This protects the walkway connecting this part of the building to the new zinc-clad building that houses the workshops and technical laboratories.

Except for the *Bureaux* and the new wing, the air-conditioned spaces have internal insulation and occupy limited parts of the original volume, minimising the intervention required to achieve the 'green building' performance goals. This enabled us to leave large portions of the walls and the roof structure of the *Grande Scierie* in their original state, which still proudly show the signs of the passage of time. It also allowed us to experiment with intermediate spaces, thus reconciling the transition of light and temperature from the outside to the inside. In the *Menuiserie et Forge*, the carpentry workshop and the forge, there is an intermediate, non-insulated space that connects it to the blacksmith's workshop, with its original tools and equipment — found on the site — and which now welcomes visiting groups.

The elements that were used to structure the outdoor spaces — fences, gates, kerbs, barriers — obey the same rules of using just one material. Where the artefacts are grafted on to the buildings is marked, thus enabling the various devices and techniques to be conceived as coherent and continuous parts of the overall plan, an ensemble, in spite of their different scope and form. The remaining elements consist of a mixture of old stone bulwarks, gravelled yards, restored cobbled lanes, smooth new concrete paving, selected colonising plants, perennial weeds and iconic stone blocks.

In general, monuments hold an intrinsic cultural value that is often assumed as self-explanatory. But significantly, this place has not been remade for the experts, but for the general public. It must enable the past to be present: to be readable, experienced, comfortable and enjoyable. It must stimulate curiosity and also raise awareness; transmit passion and inspire vocations. It must speak to the future and of the future.

The Wincqz family's ability to communicate excellence and innovation to the public, beyond the restricted circle of *maîtres*, engineers and workers, contributed to building the renown of the Wincqz name, to the point that it now embodies, even synthesises the history of Hainault's stone industry. As we have seen, they were neither alone nor the biggest in the industry — but they were probably among the industry's best advocates, promoters and representatives. The *pierre-wagon* is there to prove this: a masterpiece, an exhibition, publicity, a catalogue, a monument.

The buildings of the *Grand Carrière* spoke to their contemporaries. The writing on the *Bureaux* entrance, the year of construction sculpted on the *Grand Scierie*'s main bay, the *pierre-wagon* grafted onto the public street front; the stone corners, frames and cornices articulating the surfaces of the walls; the classicist detailing and the rhythmic movements of the machines, the names of the different buildings and parts of the site: every element spoke of the logic of streamlined production and the pride in innovation. This clarity of vision stems from Durand's effective simplifications and from Ledoux's *speaking architecture*. It is the luminary ideal of a flexible form of classicism that incorporates explicit narrative elements, transforming architecture into an operative and educational tool for a new, open society.

We introduced an explicit narrative layer to the project to make this New World legible for future generations. Generations might emerge from history, but they are no longer able to decode it. To enable this, we suspended the box in the *Grande Scierie* so as to display the stone and cast-iron relics without hindering the training activities. We also gave it the proportions and specific location, reminiscent of the stone sawing machine. On the windowpanes of the *Bureaux*, we traced the 'geometries of forces' taken from the Fifth Plate of the architectural plates on stone cutting that illustrate the 1762 *Encyclopédie*.[36] We used the two minor façades of the new laboratories that extend past the *Magasin à Clous et à Huile*, as a permanent open-air display of Belgian stone slabs and cobbles. With a thin steel line cut in the concrete pavement, we marked the original alignment of the rails of the *treuil*, the winch, that lifted the blocks from the bottom of the cellar, which was discovered when the open-air arena was first excavated. We highlighted the transition from the old *Magasin à Clous et à Huile* and the new laboratories, by mixing glass and clay tiles, similar to pixels fading from shade to light. We also imagined and conceived the volume of the new laboratories, with the elementary stereotomy of an oversized stone block. Finally, to disclose our mission of making heritage sustainable, we displayed photovoltaic panels openly on the streetside slope of lean-to and used wooded insulation boards as panelling for the cafeteria.

Using these various techniques, methods and architectural devices to transform the past into the future, the site is set to become a collection of references, both of the past and for tomorrow. Fully accessible, it also sets the scene for regular, everyday work, to be carried out by the trainees and their *maîtres, masters*, now trainers, as well as by non-professional visitors to the site. The art of devising, choosing, measuring, cutting or splitting, rough-hewing, squaring, chiselling, bush hammering, finishing and polishing are mainly transmitted by example, by mastering and gaining experience through direct, hands-on practice on site. Exemplary pieces are collected from monuments elsewhere and brought here, where they are studied and restored. Intermingled with processed work — completed, still in progress or under repair — which occupy the outer yards, regardless of the weather, where the trainees can wheel out their own individual workbenches to work outside in the open air. Understanding how tools and machines function can be done by observation and by

36. Figs. 01., 02., 03., 04. *Démonstrations relatives à la poussée des voûtes*, Planche V. *Architecture et parties qui en dépendent.* Planche, Tome I (1762). Édition Numérique Collaborative et Critique de l'*Encyclopédie ou Dictionnaire raisonné des sciences, des arts et des métiers* (1751-1772).

using the tools during the various phases of work for which they were intended. Some of these—such as the *maillet cintrée* (arched mallet)—have a particular shape that has been refined by generations of users. Others have been dramatically redefined, in terms of their design and function, by digitalisation. This was the case with the computer-controlled sawing machine, which was installed in the new wing, a genuine heir of the Wincqz flagship engine. Here too, we see the example of a buried past that can reignite a future.

10. Transformative preservation and the 'future turn' in heritage practices

Fig. 10. [→ p. 120-121] *Conceptual map of heritage and experimental preservation practices*

The story of Soignies can be understood as one of continued transformation: from soil cultivation to stone extraction; from the gentle slopes of the Hainault countryside to the dramatic cliffs of a spoiled and exploited landscape; from handicraft production to mechanisation; from piecemeal work to stable wages; from the *criées* (auctions) to time-sheets; from wind and water to steam and electricity, from *maîtres* to capitalists, from local to global markets; and finally from production to storage, from destruction to being listed, from abandonment or neglect to reuse; and from the production of goods to the production of skills.

But what essentially drives this story? The constant commitment to the future that we found among its main players and actors. Their shared capacity and the will to build the future, by enhancing the potential of given assets. Thanks to their commitment, determination and ability, the legacy of previous eras has now become the potential that nurtures the next. In one recent decisive moment, this link between past and future proved its robustness once again. When production and even the storage facilities left the site, before its history was reconstructed and its listing was first envisaged, its protection was proposed with a sound and important reuse programme, not only in the name of cultural values. Summarising more than thirty years of debates, studies and proposals, the strategy of reuse, outlined in the 2011 feasibility study, essentially laid the groundwork for the *Grande Carrière*'s second wind, rooted in its long history and based on sound social and economic demand. After a decade of designs and constructions—half of which were completed when the training centre was already up and running—the adaptations, insertions and additions proved greater than initially expected. Yet these remained compatible with a listed heritage site.

Architectural design has reorganised and given shape to these adaptations, insertions and additions. Transforming the historical legacy while preserving it through a design approach based on simple principles, has led the way to a flexibility that has enabled it to fulfil any specific operational condition.

We call this approach *transformative preservation*.

Transformative preservation is an expression that combines two deceptively contradictory terms: preservation and transformation. While preservation articulates the profound respect for and care of something—*pre-servāre* reinforces the word *servāre* from the Proto-Italic term **serwāō*, dervied from proto-Indo-European **ser-*: "to watch over, protect"—a selected past that must be protected before it is transmitted to the future. Halted in its current (not restored to its original) state, it is (in turn) protected from the forces of the present and of change. Conversely, *transformation*, with its Latin prefix *trans-*, from the present participle of the verb **trare-* 'to cross over, pass through, overcome', carries the sign of change and projects an existing form, inherent to the verb itself, towards a future, transformed state.

This fusing of preservation — the supremely devout approach to the past — and transformation — is highly pragmatic — and produces an extreme structural tension between preservation and transformation. This is where opposition becomes hybridisation, whereby a fruitful tension of opposites can be used to design a contemporary architecture that enhances the potential of historical legacy, but in continuity with the historical site of transformative practices and innovation, built on permanence.

This would, moreover, demonstrate the contradiction between keeping things as they are and transforming them, with varying degrees of intervention possible. This contradiction is so deeply embedded in the modern idea of heritage (the imperfect English-language equivalent of the more accurate French word, *patrimoine*.)[37] As early as 1849, John Ruskin, in the 31st *Aphorism* of his *The Seven Lamps of Architecture*, denounced this "Restoration, so-called, is the worst sort of destruction." His polemical stance was later echoed by William Morris, in 1879, in his *Speech Seconding a Resolution Against Restoration*, in which he condemned the transformation of historical buildings that "make it as it first was — clear and beautiful, without a history or a blemish". Today, both would probably advocate for what we call 'preservation'. From the very beginnings of heritage history, this contradiction haunts both theoreticians and practitioners.[38] As such, transformative preservation does not solve this inherent contradiction of conflicting practices. Nevertheless, the term attempts to incorporate both approaches, as we attempt to do in our own practice. It underlines the contradiction to an extreme, making it patent by embracing contrasts as well as being legible and enjoyable.

Furthermore, the adjective 'transformative', when applied to substantial 'preservation' of this kind, inscribes it in the rapidly expanding semantic parameter of 'transformative' practices. This cross-disciplinary attitude encompasses ecology, justice, teaching, research and social action, unified by the common orientation towards societal change, through changes in practices and based on a change in paradigms.[39]

Thus, transformative preservation departs significantly from the current consensus on heritage. Remaining faithful to the ethics and craft of heritage, yet remaining free from the precepts of 'doctrinal texts'[40], it constitutes a set of principles, rules and guidelines that are deeply embedded in scientific codes, institutional forms and administrative procedures, whose revision was advocated as early as 1994 by Raymond Lemaire, one of the authors of the 1964 Venice Charter. While debunking the uncontested authority of 'a text that has become a monument in itself' on the one hand, he reconstructed the circumstances of its drafting and approval, and historicised its content. On the other hand, he proposed a decentralised revision process that enabled the incorporation of non-western cultural perspectives[41].

37. A 19th century social and historical construct, conventionally launched by the Rapport *au Roi du Ministre, Secrétaire d'État au Département de l'Intérieur, François Guizot, Ministère de l'Instruction publique et des beaux-arts, le 21 octobre 1830*, proposing the creation of the position of Inspecteur Général des Monuments Historiques de la France, the first public body of its kind to be given responsibility for heritage conservation. (POULOT, D., WRIGLEY, R., *The Birth of Heritage: 'Le moment Guizot'*, Oxford Art Journal, 1988, Vol. 11, n° 2, pp. 40-56)
38. FAWCETT, J. AND PEVSNER, N. *The Future of the Past. Attitudes to Conservation*, 1174-1974, London, Thames & Hudson, 1976.
39. In the field of nature conservation studies—often anticipating or paralleling the debate in heritage studies—see discussion paper for the 2021 World Conservation Congress, published in April 2020 by FOUGÈRES, D., ANDRADE, A., JONES, M., MCELWEE, P.D., *Transformative Conservation in Social-Ecological Systems*, or MASSARELLA, K. et al., *Transformation Beyond Conservation: How Critical Social Science can Contribute to a Radical New Agenda in Biodiversity Conservation*, "Current Opinion" in *Environmental Sustainability*, 2021, 49:79–87.
40. See https://www.icomos.org/en/resources/charters-and-texts.
41. LEMAIRE, R., À propos de la Charte de Venise, in ICOMOS Scientific Journal, The Venice Charter – La Charte de Venise 1964-1994, Paris, pp. 56-58. For a recent critical review see RICHMOND, A., BRACKER., A. (eds.), *Conservation. Principles, Dilemmas, and Uncomfortable Truths*, Oxford, 2009.

Transformative preservation thus incorporates the tactical opportunism of radical adaptive reuse and social practices, such as squatting and informal occupation, and creatively explores new ways of repurposing urban legacies to contemporary uses — production, events, fun, living — with the minimal means of self-build.[42] It marries a modern respect for documents and chronologies with the postmodern or late romantic taste in complexity, incompleteness and stratification. It answers the demand for using heritage potential as an asset for new purposes, which combine economically viability and sustainability with a positive environmental and social impact, thus producing wealth and welfare for the local community. As such, this demonstrates how its transformative requirements can be integrated effectively into a strictly preservative strategy.

The transformative preservation of the *Grande Carrière* is part of a growing geography of architectural interventions on existing buildings, with a recognised or potential cultural value that can redefine theory through practice. These originate at the margins of the field, on lesser monuments, incomplete artefacts and compromised landscapes: industrial and military legacies, whose scale and consistency raise new issues of economic and environmental sustainability; archaeological sites, whose extension and material condition make even unearthing relics not sufficiently worthwhile for their understanding and appreciation; the old town centres, where conservation policies might have undesirable consequences such as neglect, gentrification or 'overtourism'; museum storage, where artefacts are neither worthy of keeping or being displayed and perish into oblivion. Experimenting with complex conditions and accepting contradictory agendas can induce fresh theoretical perspectives, which can open up promising debates and may eventually redefine the established institutional protocols in the field.

The second half of the 19th century channelled its cultural, moral and aesthetic unease towards the dramatic outcomes of the industrial and social revolution—disrupting and overturning an idealised stable past and endangering its natural and historical legacy, in a militant commitment towards its protection and appreciation. In the first half of the 20th century, this militant movement became mainstream, asserted in specialised, dedicated institutions — schools, lists, archives, authorities — and protocols — and institutionalised in legal texts, codes of practice and theoretical frameworks, established in Europe and the USA in a global effort that overrides national traditions.[43] The ensuing fifty years saw a geographical, thematic and chronological expansion: the former marked by the establishment of international bodies such as UNESCO in 1945 and ICOMOS in 1965; the second by the invention of industrial heritage in the mid-1970s — to which the vast realm of the *Grand Carrière Winqcz* belongs — which opened up to an unprecedented quantitative expansion of what we consider as heritage. The latter incorporated the products of the modernist avant-garde into heritage, marked by the founding of DOCOMOMO in 1988, in a steady reduction of the timespan that separates the present from the past, and life from heritage.

As heritage entered the 21st century, it became an industry in itself — the ever-expanding industry of producing, studying, taking care of, communicating and repurposing heritage.[44] The driving force behind new forms of business sectors, powered by luxury

42. ROBIGLIO, M., "Old is the New New. Architecture and the Adaptive Reuse of Industrial Legacy", in Ibid., *RE-USA 20 American Stories of Adaptive Reuse: A Toolkit for Post-Industrial Cities*, New York, 2017, pp. 170-217.
43. SWENSON, A., *The Rise of Heritage. Preserving the Past in France, Germany, and England, 1789-1914*, Cambridge, Cambridge University Press, 2013.
44. HEINICH, N., *La fabrique du patrimoine. De la cathédrale à la petite cuillère*, Paris, Editions des Maisons des Science de l'Homme, 2009.

consumption, the experience economy, mass tourism and premium real estate, were all based on cultural enhancement, sustained by conservation policies that resulted in a "commodification" of heritage[45]. The role of this industry in the global economy is so relevant that their *enrichissement* (enrichment) are even described by authors such as Luc Boltanski as a peculiar mode of creating economic value through cultural values, paralleling its role in late capitalism to the exploitation of South American gold mines by the Spanish Empire in the 17th century.[46]

The result is that "everything we inhabit is potentially susceptible to preservation [...] [where] we are living in an incredibly exciting and slightly absurd moment, namely that preservation is overtaking us", as Rem Koolhaas wrote.[47] Or, as conservation scholar Gregory Ashworth said, "our built environments are increasingly cluttered with the 'museified' artefacts, monumentalised buildings and sacralised sites that previous societies believed were worthy of preservation for us and for future generations stretching into infinity [...] the supply of heritage in total is limited only by the limits of the human imagination to create it."[48]

From this unprecedented situation of abundance, redundancy and the hegemony of what was originally intended as rare, unique and endangered, we find two complementary research tracks emerging. The first is in academic theoretical research. If everything can or should potentially be preserved, the role of the past in the future and for the future of our societies must be reframed. Do the challenges of climate change, globalisation, demography, multiculturalism present just new threats to our ever endangered past? Or can this past — or rather, *these pasts* — somehow contribute to us facing up to these threats? Should'nt we stop mourning what has been lost and what is at risk,[49] and instead ask ourselves why we should keep an ever-growing number of artefacts from the past: how we can afford them, what is their possible use in our present, and what should be done to make them relevant for our future? In the second decade of this century, such issues are bringing an end to what John Pendlebury called the "age of consensus."[50] Inherent contradictions are no longer being downplayed as accidental imperfections. In a multicultural perspective, the universal legitimacy of heritage is being challenged by a growing awareness of the social and historical nature of cultural constructs.[51] Its global institutionalisation reveals the hidden dynamics of power and domination; and its presumed ethical purity is tainted by post-colonial conflicts and disputes.[52] Tensions are beginning to leave their mark on institutional discourse[53] and comprehensive theories[54]. The word 'heritage' itself seems to weaken its own pertinence, while the hazier and less normative term 'legacy' is perceived as more accurate, more inclusive and pluralist, where the idea of transmission of the past to the future[55] is concerned.

The shift of focus from objects to process, from artefacts to their production—in art, architecture, archaeology and in anthropology, in the four chapters of Tim Ingold's 2013 *Making*[56] — profoundly reassesses our experience of the past and the objects embodying it:

> "...current archaeology is interested not in their antiquity, not in how old they are, but in what we could call their 'pastness', recognising them as carryings on along temporal trajectories that continue in the present. [...] Instead of comparing persons

45. HEWISON, R., *The Heritage Industry: Britain in a Climate of Decline*, London, Methuen, 1987.
46. BOLTANSKI, L., ESQUERRE, A., *Enrichissement. Une critique de la marchandise*, Paris, Gallimard, 2017.
47. KOOLHAAS, R. *Preservation Is Overtaking Us*, Future Anterior 1, n° 2 (Fall 2004), pp. 1-3; Id., *Paul S. Byard Memorial Lecture*, in: CARVER, J., *Preservation Is Overtaking Us*, New York, GSAPP Books, 2014.
48. ASHWORTH, G. *Preservation, Conservation and Heritage: Approaches to the Past in the Present through the Built Environment*, Asian Anthropology, 2011, Vol. 10:1, pp. 1-18.
49. DESILVEY, C., HARRISON, R., "Anticipating Loss: Rethinking Endangerment in Heritage Futures", in *International Journal of Heritage Studies*, 26:1, 1-7, 2020.
50. PENDLEBURY, J., *Conservation in the Age of Consensus*, London, Routledge, 2009.
51. CANE, S., *Why Do We Conserve? Developing Understanding of Conservation as a Cultural Construct*, in RICHMOND, A., BRACKER, A. (eds.), 2009.
52. AVRAMI, E., *Heritage, Values, and Sustainability*, in RICHMOND, A., BRACKER, A. (eds.), 2009.
53. The 2021 *International Day for Monuments and Sites* — an annual event co-organised by ICOMOS and UNESCO on the topic of *Complex Pasts: Diverse Futures*.
54. MUÑOZ VIÑAS, S., *Contemporary Theory of Conservation*, London, Routledge, 2004.
55. See https://heritage-futures.org/lexicon/#!legacies and https://full.polito.it/ and CORICELLI, F., MARTINI, L., ROBIGLIO, M. (eds.), *The Future Urban Legacy Lab. A Report 2017-2021*, Torino, Politecnico di Torino, 2021.
56. INGOLD, T., *Making: Anthropology, Archaeology, Art and Architecture*, New York, Routledge, 2013.

to buildings, pots and writing desks, and concluding that all are endowed with agency, we could compare them to mountains, rivers and clouds, recognising that all are immersed in the continuous birth of the world. This is to think of the life of the person, too, as a process without beginning or end, punctuated but not originating or terminated by key events such as birth and death, and all the other things that happen in between. And it is to find the locus of creativity not in the novelty of conception, to be united with substance, but in the form-generating potentials of the life process, or in a word, in growth."[57]

Instead of being separated from the present and the future by the rupture between modernity and industrialisation, for Ingold, the past is seen as part of a timely process of evolution, adaptation, transformation. A process in which the human activity of making and sense-making plays a similar role in the unending mutation of landscapes and buildings, just as the forces of Nature do. The past is not dead, neither can be lost, rather it evolves — it can be modified, constructed and enriched. Even loss and destruction can eventually prove to be an augmentation that can produce a new strain of memory.[58]

Various and sometimes overlapping definitions have been proposed, so that these emerging new attitudes can be more easily understood. There is a confusion that is inherent in provisional experimentation, but there is a problem that also arises from an imperfect ontological definition, inherited from its scientific application. An overlap in regular common use thus persists, between these essentially fundamental terms: preservation, conservation and restoration.

Of the three, 'conservation' seems to be the most widely used. Where specified, 'conservation' indicates an active redefinition of the past, in terms of its future use and with the possible alteration of specific items. 'Restoration' is extended by some as a discipline in itself — thus often confused with conservation as a field of practice. When restricted, its meaning goes back to Viollet-Le Duc's idea of bringing back or returning to an ideal pristine state. 'Preservation', more generally, indicates a self-restrained attitude, solely aimed at halting and preventing decay of its object — as Ruskin and Morris both advocated. An extensive and updated online glossary draws on official charts and institutional texts to produce thirteen different definitions for 'conservation', fourteen for 'restoration' and nine for 'preservation', many of which are partially or totally interchangeable.[59] The UNESCO online glossary[60] is by far less complete and is still largely based on a 1988 study.[61] Indeed, a recent and extensive attempt to systematise terminology seems to have perpetuated the confusion between restoration, conservation, and preservation.[62] This is precisely what happened in the 2008 *Resolution*, introduced by members of the ICOM-CC, when a distinction was proposed between 'preventive' and 'remedial' conservation, which defined restoration with the rather confusing goal of "facilitating [...] appreciation, understanding and use."[63] A synthetic but relatively accurate glossary, which confirms the restricted use of the three terms, is given on the website of the American Institute of Conservation[64]. A very comprehensive, interdisciplinary and solid discussion of the origins and the meanings of the terms: 'preservation', 'restoration' and

57. ID., "No More Ancient; No More Human: The Future Past of Archaeology and Anthropology" in *Archaeology and Anthropology: Understanding Similarity, Exploring Difference*, GARROW, D., YARROW, T. (eds.), Oxford, Oxbow, 2010, pp. 160-170.
58. HOLTORF, C., "Averting Loss Aversion in Cultural Heritage", in *the International Journal of Heritage Studies*, 2015, Vol. 21:4, 405-421.
59. See https://ip51.icomos.org/~fleblanc/documents/terminology/doc_terminology_e.html#R.
60. See https://uis.unesco.org/en/glossary.
61. VIÑAS V. AND R., *Traditional Restoration Techniques: A RAMP Study*, Paris, UNESCO, 1988.
62. PETZET, M., "Principles of Preservation: An Introduction to the International Charters for Conservation and Restoration 40 years after the Venice Charter" in *International Charters for Conservation and Restoration. Monuments & Sites* I. ICOMOS, München, pp. 7-29.
63. *Resolution adopted by the ICOM-CC membership at the 15th Triennial Conference*, New Delhi, 22-26 September 2008.
64. See https://www.culturalheritage.org/about-conservation/what-is-conservation/definitions.

65. LOWENTHAL, D. *The Past is a Foreign Country. Revisited.* New York, Cambrige University Press, 2015 (o.e. 1985).
66. OTERO-PAILOS, J., "Experimental Preservation", in *Places Journal*, September 2016. See also ID., LANGDALEN, E.F., ARRHENIUS, T. (eds.), *Experimental Preservation*, Zürich, Lars Müller Publishers, 2016.
67. SANDLER, D., *Counterpreservation: Architectural Decay in Berlin since 1989*, Ithaca, Cornell University Press, 2016. Cit. pp. 19, 43 and 45.

'conservation', in my opinion, was presented by David Lowenthal in his monumental work *The Past is a Foreign Country*.[65] Here, Lowenthal uses conservation as a synonym for preservation and restoration in its restricted acceptation. Both are discussed in Part IV of the book, as alternate ways of "remaking the past" by pairing some unexpected twins: "preservation with replication", "restoration with re-enactment", in a list that was significantly completed by the word 'improvement', which clearly frames *all* intervention in the past with positive proposals for the future.

This new, positive attitude replaces fear with hope, compliance with curiosity and doctrine/doxa with experimentation. Often carried out through actions, projects and interventions, to be later conceptualised in programmatic texts, these experiments define new positions and open inspiring perspectives against the background of a landscape of heritage and working practices that are two centuries old. This is the second research track to come to the fore — to which transformative preservation belongs — which we will try to map out in the following lines.

Jorge Otero-Pailos's 'experimental preservation' explores crucial issues such as the removal of superficial layers of 'dirt' — or patina — on architectural artefacts, with the explicit intention of testing the possibility of 'creating' heritage from elements that would 'normally' be neglected, removed or ignored. Named after *The Ethics of the Dust*, Ruskin's dialogues published in 1865, Otero-Pailos's installations result from similar acts of 'experimental preservation', such as the stripping carried out on such architectural and historical icons in the Venetian Palazzo Ducale (2009 Biennale) and Westminster Hall (2016), and on industrial relics, such as the Aluminium foundries of Bolzano (2008), where he transformed the layers which were removed into cultural artefacts. His methods involve a "dangerous possibility [risk] of failure, something to avoid when working on valuable historical and cultural objects", as the 1980-1994 controversial interventions during the Sistine Chapel restorations proved.[66]

Using the term "counterpreservation", Daniela Sandler explores the "intentional use of architectural decay in the spatial, visual, and symbolic configuration of buildings" as a deliberate act of resistance to the consequences of beautification policies and gentrification in Berlin. For her, "creatively appropriated ruins" are the result of a process that "illuminates not only why dilapidation may acquire positive meanings, but also why it is used as a protest against urban renovation and regeneration". Sandler founded a new aesthetics of ugliness that eventually became — paradoxically — an ingredient of city branding, in an intrinsically contradictory circle of appropriation, enhancement and expropriation.[67]

Bie Plevoets and Koen Van Cleempoel build upon ten years of theoretical and applied research in their recognition of the acquired status of adaptive reuse, as a legitimate approach to heritage that "evolved from a user-led process to a highly specialised discipline", "a discipline in its own right" that has acquired full autonomy from restoration and has become the "obvious way to deal with the built environment". Simultaneously rooted in informal process and historical precedents (the Art House Tacheles in Berlin, Michelangelo at the Basilica Santa Maria degli Angeli, Carlo Scarpa at Castelvecchio), their position responds to the new operational context of "a saturated building stock [supply] and [a] growing discourse on *Umbau*". Their reflection even includes intentional ruination among the possible forms of reuse.[68]

The Belgian architectural collective ROTOR suggests 'deconstruction' is a form of 'architecture in reverse', to be applied to condemned buildings, where "elements [are] being reused *off-site*" — thus reframing the execrated ancient spolia as virtuous anticipations of contemporary recycling. Elements then form a sort of "motive" that "extends the duty of preservation [...] beyond the life of the building."[69] This entails accepting that *Buildings Must Die* — the title of S. Cairns and J.M. Jacobs's 2014 essay — and design their posthumous life through reused materials and components that are available for new uses and configurations.

Caitlin DeSilvey traces the "entropic heritage practice [...] already emerging in certain places and circumstances" as the clues to a "post-preservation heritage practice", where "attending to processes of decay and disintegration can be as productive of heritage values as acts of saving and securing [...] a new conception of "living heritage"; as an alternative to dominant heritage models, which privilege the preservation of original fabric and function by establishing a discontinuity between the past and the present"; and as a "foundation for a post-humanist heritage paradigm [of] care without conservation", which is labelled as "curated decay" and based on the act of "letting be [...] performed intentionally and attentively."[70] Recently, her work has encompassed the notion of "adaptive release", a strategy for purposely dismantling, relocating or removing heritage assets whose conservation is deemed unreasonable or unfeasible, due to economic, political or environmental conditions.[71]

Most of these experimental practices and theoretical explorations still refer to the established 'doctrine', by way of opposition. Yet, through these oppositions, all address the radical questions that must be tackled by contemporary heritage practice and theory. Questions on the new — energy, environment, equality, diversity — and on the old — decay, patina, ruins, originality and re-use — seem inextricably entwined with heritage actions and thoughts. These can be addressed from the outset and whenever doctrine is questioned by new operative and cultural challenges, as happened during the post-war Italian debate on restoration and reconstruction. Just when heavy and extended war damage left its mark on historic monuments and the urban fabric, so philological or stylistic approaches became controversial and inapplicable. The theory and practice of *restauro critico*, saw restoration simultaneously as a critical interpretation of inherited artwork and as the production of an artwork in itself, driven by an autonomous "aesthetic stance".[72]

What is most relevant in this attempt to map out theory and practice, is that all traceable practices embrace the timely nature of cultural artefacts. In so doing, they take the same turn towards the future. They go beyond the ritual celebration of the past, to infuse it with a renewed, lively meaning. They accept the conceptual challenge outlined by Cornelius Holtorf[73] and Anders Högberg, in the introduction to their 2021 collection essays, entitled *Cultural Heritage and the Future*:

> "We point to the apparent need to critically understand the roles of cultural heritage in managing the relations between present and future societies and to build professional strategies

68. PLEVOETS, B., VAN CLEEMPOEL, K., *Adaptive Reuse of the Built Heritage: Concepts and Cases of an Emerging Discipline*, New York, 2019. Cit. pp. 7, 109, 110.
69. DEVLIEGER, L., *Architecture in Reverse*, in VAN DEN HEUVEL, D., MUÑOZ SANZ, V., *Deconstruction*, Amsterdam, Archis, 2017. Cit. pp. 8 and 13.
70. DESILVEY, C., *Curated Decay. Heritage beyond Saving*, Minneapolis, 2017. Quotes pages 184-5, 188.
71. DESILVEY, C., FREDHEIM, H., FLUCK, H., HAILS, R., HARRISON, R., SAMUEL, I., BLUNDELL, A., *When Loss is More: From Managed Decline to Adaptive Release*, The Historic Environment: Policy & Practice, 12:3-4, pp. 418-433, 2021.
72. BRANDI, C. *"Restauro"*, in *Enciclopedia Universale dell'Arte*, Venezia/Roma,1963 pp. 322-332. Although the theoretical texts are tainted by an outdated idealistic vein, this approach recognises the contradictory nature of restoration and the unavoidable creative responsibility of its author.
73. 2017 UNESCO Chair on Heritage Futures, Linnaeus University, Kalmar, Sweden.

addressing the future in heritage management. Fifty years on, will there be much concern at all with what many of us today appreciate as cultural heritage? Should there be? It is time to think outside the box. Throughout the cultural heritage sector, we may have to change the present in order to create heritage futures that perhaps we did not imagine before."[74]

The transformative preservation processes of the Grande Carrière Wincqz in Soignies has allowed us to explore some of the practical implications of designing a future for the site's past. As a result, we have reconnected our architectural experiments to the many decades of attempts, successes and failures in construction, engineering, technology, organisation, economy and politics, which made this place the place it is and established its many values. As we try to reconstruct — in what is a reflection on design in practice rather than an historical or theoretical essay — the artefacts that we recognise today as heritage, constitute the legacy of this enduring, collective drive towards improvement, enrichment and innovation, well beyond the boundaries of a listed site. By reusing these artefacts, and at the same time preserving and transforming them, we have effectively renewed this drive and commitment, but under new conditions.

The boundless expansion of Industrial Revolution is now exhausted. We are beginning to understand its limits and face up to these consequences, with hope and creativity. Yesterday's New World is today's Old World. Yet we have inherited from it an unbounded realm of material and immaterial assets. Their unlimited potential is there to be reused for the welfare of all. What we call 'heritage' is simply the most evident component of this new world. The exceptional attention we devote to it — thanks to labels, lists and charters — should become a more general attitude of preserving and transforming spaces and places in the future, taking what they are as a starting point.

This is the contemporary condition of postproduction. This is *our* New World.

[74] HOLTORF, C., HÖGBERG, A. (eds.), *Cultural Heritage and the Future*, London, 2021, p. 23 and p. 268. See also the collected essays in HARRISON, R. et al. *Heritage Futures: Comparative Approaches to Natural and Cultural Heritage Practices*. London, Taylor & Francis, 2020.

PRÉSERVATION TRANSFORMATIVE EN CONSTRUCTION / TRANSFORMATIVE PRESERVATION IN THE MAKING

Isabelle Toussaint

A
B
C
D
E

A

AVANT / BEFORE

GRANDE SCIERIE, APPENTIS / GREAT SAWMILL, LEAN-TO

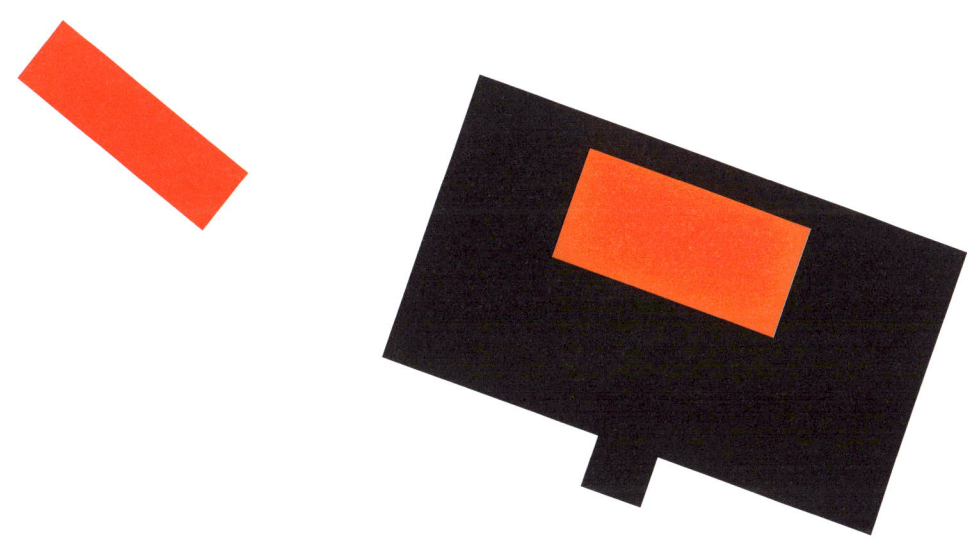

APRÈS / AFTER

A Plan rez-de-chaussée /
Ground floor plan 156

A · Coupes et élévations / Sections and elevations · 158

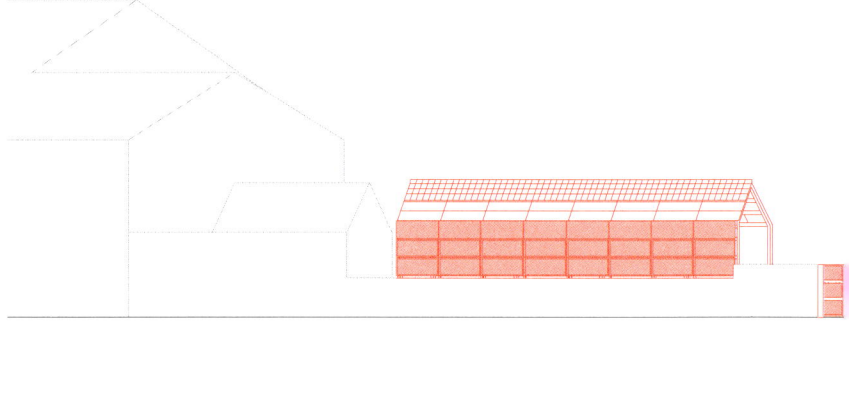

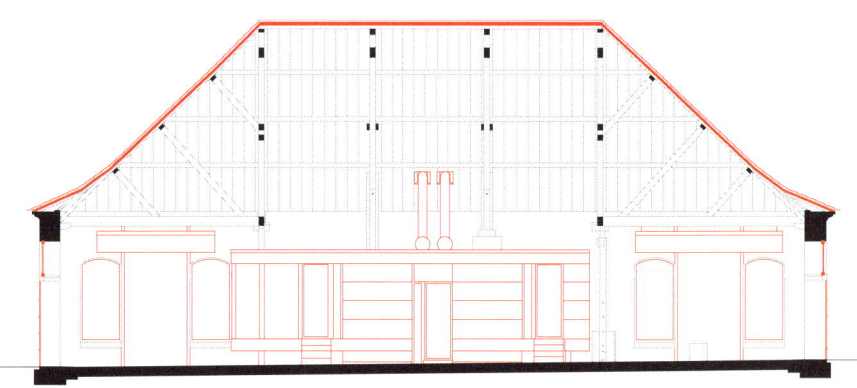

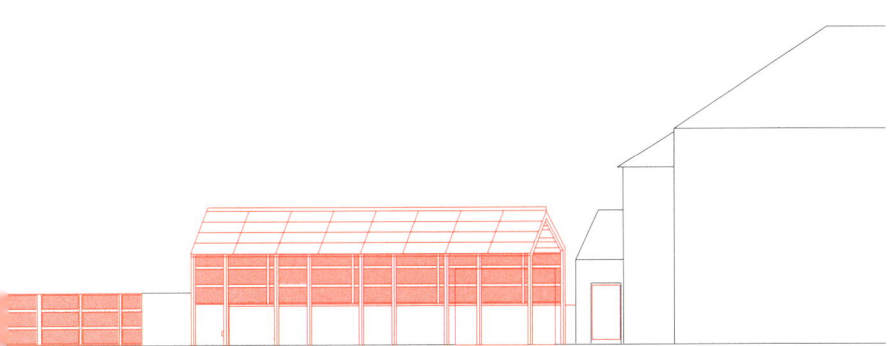

1

2

3

**SUPERFICIE BRUTE /
GROSS AREA** → 397 m²

**DATE DE CONSTRUCTION /
CONSTRUCTION DATE** → 1847

TRAVAUX DE RESTAURATION (PHASE 1) **/
RESTORATION WORKS** (FASE 1) → 2014-2016

**USAGE PRÉCÉDENT /
PREVIOUS USE**
Atelier de scierie de la pierre /
Stone sawmill workshop

**USAGES ACTUELS /
CURRENT USE**
Atelier pour le travail de la pierre, comportant 14 postes de travail entièrement équipés (électricité, chauffage, air comprimé), une salle de cours, un local pour les formateurs, des vestiaires et sanitaires (dans la boîte) /
Stone working workshop with 14 fully equipped work stations (electricity, heating, compressed air), a classroom, a teachers room, changing rooms and sanitary facilities (in the box)

4

5

6

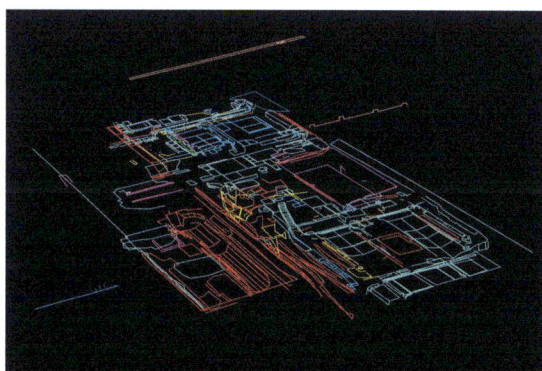

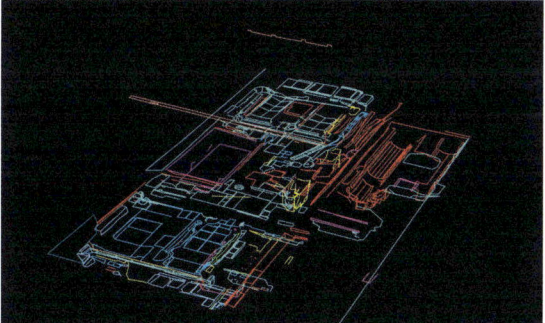

7

1
Façades sud et est de la Grande Scierie, 2012 /
South and east façades of the Grande Scierie, 2012

2
Façade sud de la Grande Scierie, 2012, anciens châssis trop fragiles pour être conservés /
South façade of the Grande Scierie, 2012, old window frames that are too fragile to be preserved

3
Relevé photographique Monica Naso – TRA /
Photographic survey Monica Naso – TRA

4
Fouilles archéologiques, lors de la "pose de la première pierre", 2014 /
Archaeological excavations, during the "laying of the foundation stone", 2014

5
Découverte des vestiges industriels du sol originel lors du démontage du béton de sol, 2014 /
Discovery of the industrial remains of the original floor during the dismantling of the concrete floor, 2014

6
Fouilles archéologiques, détail d'une armure et caniveaux /
Archaeological excavations, detail of an armouring and gutters

7
Relevé du sol archéologique, vue en 3D, Nicolas Authom, © SPW, Patrimoine, Service Archéologie /
Archaeological soil survey, 3D view, Nicolas Authom, © Wallonia Public Service, Heritage, Archaeology Department

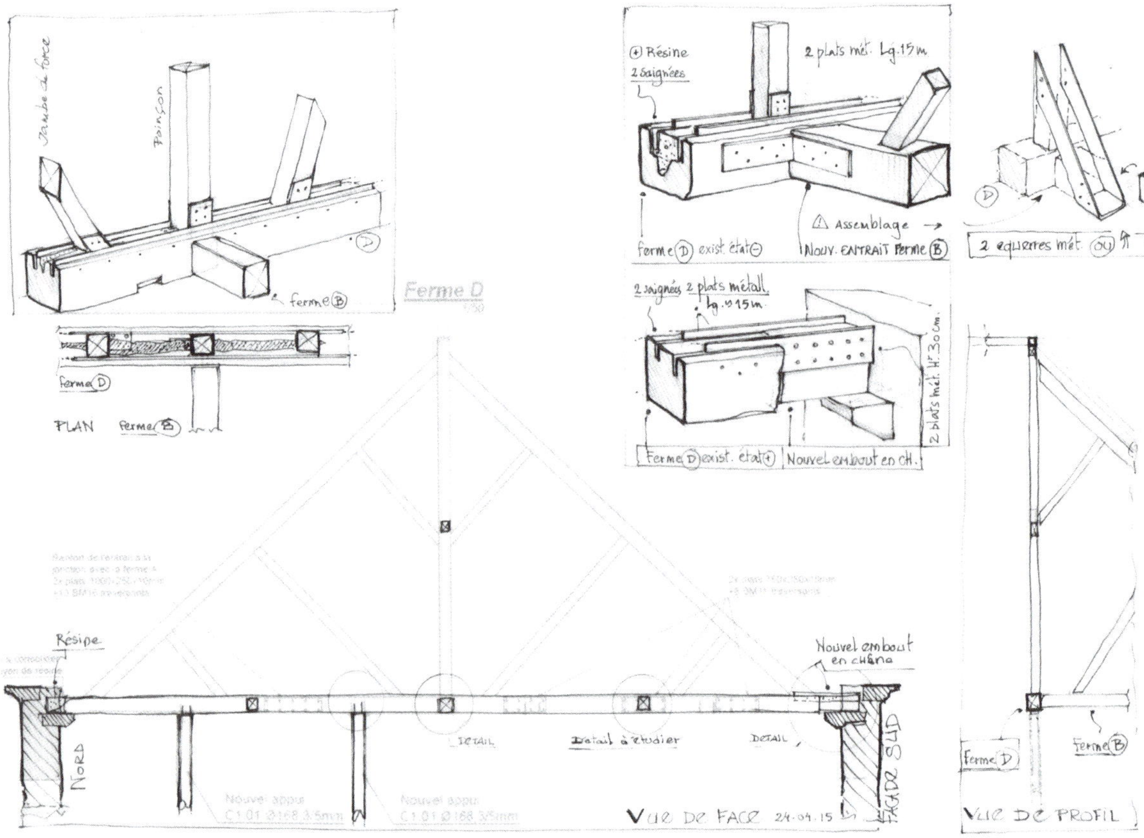

1
Croquis de chantier, détail de restauration de la charpente
© Patrick Bribosia /
Sketch of the building site, detail of the restoration of the frame
© Patrick Bribosia

2
La charpente en cours de restauration /
The frame being restored

3
Démontage de pierres de corniche pour restauration /
Dismantling of cornice stones for restoration

4
La charpente en cours de restauration /
The framework being restored

5, 6
Restauration de pierres de corniche sur le site /
Restoration of cornice stones on site

A   164

1
Réalisation de l'assise de la *boîte* classes et services, en surplomb des vestiges du sol d'origine à l'emplacement probable de l'ancienne machine à scier /
Construction of the base for the *box* for the classrooms and services, built over the original floor of the site where the old sawmill may have been

2
Réunion de chantier, détails couverture en ardoises naturelles /
Site meeting, details of natural slate roofing

3
Pose nouvelle couverture en ardoises naturelles /
Installation of new natural slate roof

4, 5
Isolation et restauration charpente /
Insulation and restoration of the frame

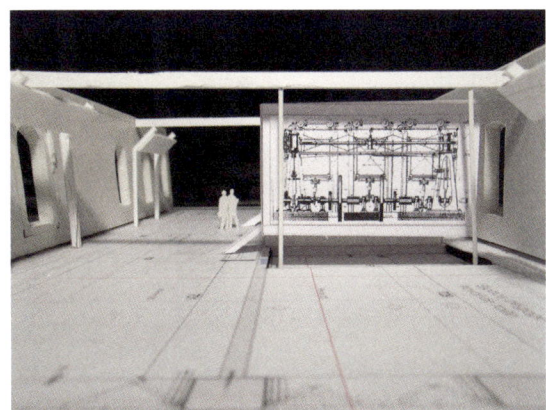

6
Maquette d'étude de la *boîte* des classes, services et poteaux technologiques / Model of the *box* for the classrooms, service buildings and technology poles

7
Boîte classes et services, structure en bois avant la pose du revêtement en acier galvanisé / Classroom and services box, wooden structure before the galvanised steel cladding

8
Formateurs et élèves (durant les travaux de la phase 2, les ateliers de la grande scierie sont en activité) / Trainers and students (during phase 2, the workshops of the large sawmill are in use)

1
Mur d'enceinte avant réalisation du nouvel appentis, 2012 / Surrounding wall before construction of the new lean-to, 2012

2
Structure en acier galvanisé du nouvel appentis, 2015 / Galvanised steel structure of the new lean-to, 2015

3
Mock-up du revêtement en tôle d'acier galvanisé du nouvel appentis / Mock-up of the cladding in galvanised steel sheeting of the new lean-to

4

5

6

4, 5, 6
Travail de la pierre,
taille et sculpture sous le
nouvel appentis durant les
travaux de la phase 2 /
Stone work, carving and
and sculpting under
the new lean-to during
phase 2

B

AVANT / BEFORE

BUREAUX / OFFICES

APRÈS / AFTER

B   Plan rez-de-chaussée / Ground floor plan   170

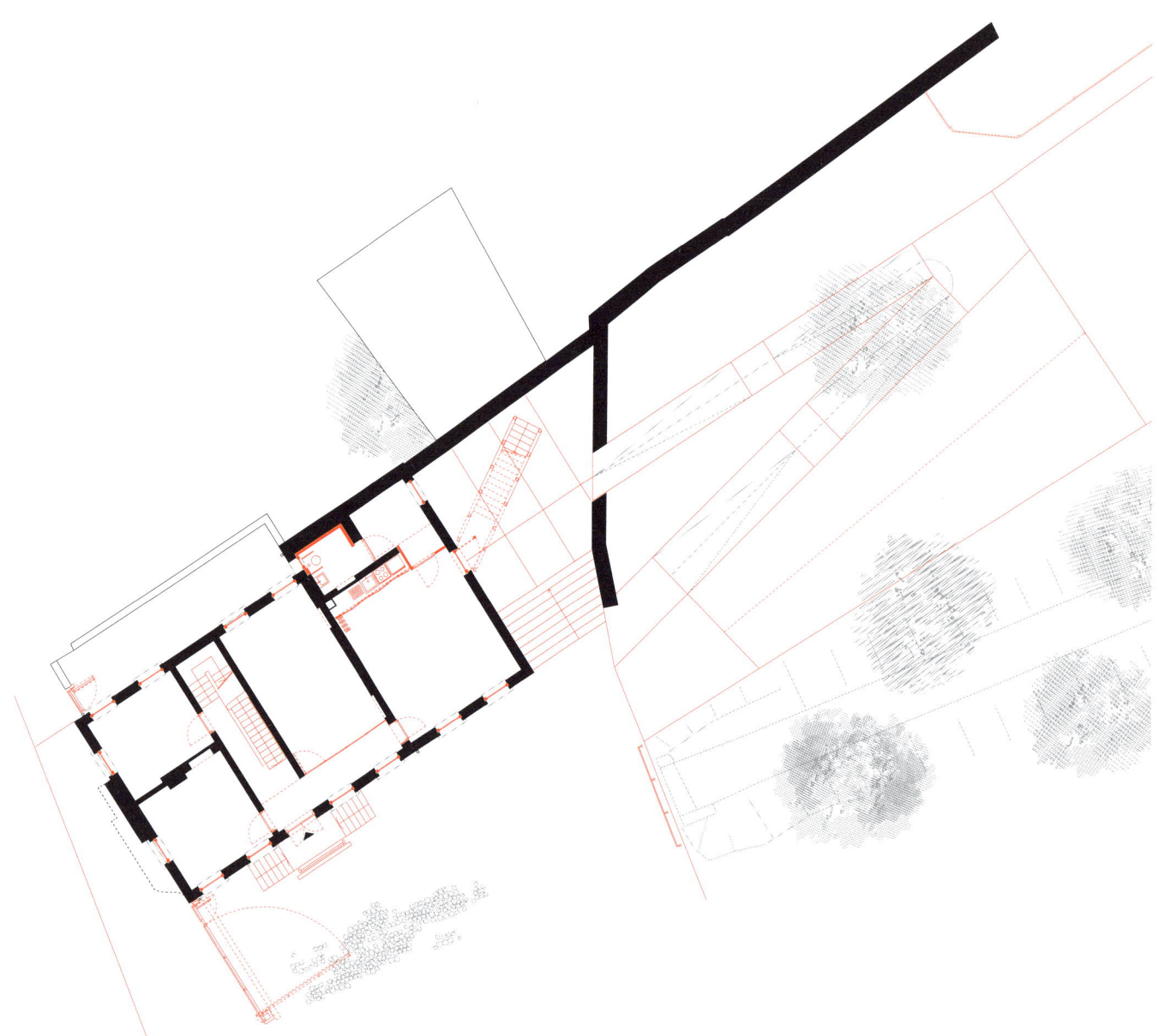

Coupes et élévations /
Sections and elevations

B

1

2

SUPERFICIE BRUTE /
GROSS AREA → 460 M²

DATE DE CONSTRUCTION /
CONSTRUCTION DATE → 1847

TRAVAUX DE RESTAURATION (PHASE 1) /
RESTORATION WORKS (PHASE 1)
→ 2014-2016

USAGES PRÉCÉDENTS /
PREVIOUS USE
Bureaux /
Offices

USAGES ACTUELS /
CURRENT USE
Pôle administratif et conciergerie /
Administration and Caretaker's Offices

3
Étude et relevés des façades, 2014 /
Study and survey of the façades, 2014

1, 2
État de *ruine* des bureaux avant les travaux, 2012 /
Rundown condition of the offices before the works, 2012

4
Nettoyage et restauration de la pierre-wagon /
Cleaning and restoration of the Pierre wagon

5
Pignon, côté rue Mademoiselle Hanicq, où est fixée la pierre-wagon, présentée à l'Exposition universelle de Paris en 1855 /
Gable, on the side of the rue Mademoiselle Hanicq, where the stone wagon is mounted. The latter was exhibited at the Paris World Fair in 1855

B

174

1

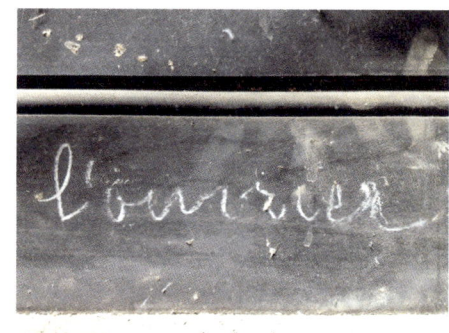

2

3

4

1
Mock-up de traitement à l'acide d'un vitrage /
Mock-up test of the treatment of a window with acid

2, 3
Dessin de stéréotomie à main levée (ancien tailleur de pierre, habitant rue Mademoiselle Hanicq) /
Freehand stereotomy drawing (former stone cutter, residing in rue Mademoiselle Hanicq)

4
Mock-up d'impression graphique /
Mock-up graphic print

5

6

7

5
Trace de l'emplacement originel de l'ancien perron /
Evidence of the original location of the old porch

6
Découverte et relevé de l'ancien coffre-fort /
Discovery and measurement of the old safe

7
Durant les travaux de réalisation de la rampe, de la terrasse et de l'escalier extérieur /
During the construction of the ramp, the terrace, and the outside stairs

C

AVANT / BEFORE

177   **FORGE ET MENUISERIE, PAVILLON DU TREUIL / FORGE AND CARPENTRY WORKSHOP, WINCH PAVILLION**   C

APRÈS / AFTER

Plan rez-de-chaussée / Ground floor plan

Plan premier étage / First floor plan

C Coupes et élévations /
Sections and elevations

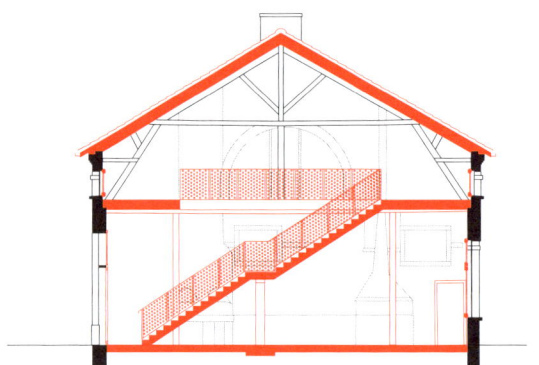

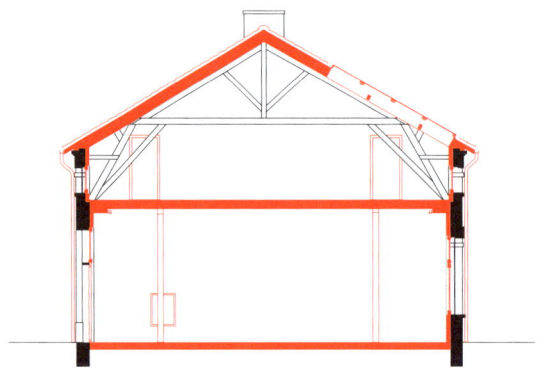

1

**SUPERFICIE BRUTE /
GROSS AREA → 615 m²**

**DATE DE CONSTRUCTION /
CONSTRUCTION DATE**
Seconde moitié du XIXᵉ siècle /
Second half of the 19th century

**TRAVAUX DE RESTAURATION (PHASE 2) /
RESTORATION WORKS (PHASE 2) → 2017-2021**

**USAGE PRÉCÉDENT /
PREVIOUS USE**
Forge, menuiserie et pavillon du treuil /
Forge, Carpentry workshop and Winch pavillion

**USAGES ACTUELS /
CURRENT USE**
Espace pédagogique et de rassemblement (ancienne forge), salles de cours (ancienne menuiserie et pavillon du treuil) /
Current uses: educational and meeting spaces (former forge), classrooms (former carpentry workshop and winch pavillion)

2

3

4

1, 2
Anciens outils et machineries classés, rez- de-chaussée de la forge, 2012 /
Old tools and listed machinery, ground floor of the forge, 2012

3
Premier étage de la forge avant les travaux, 2012 /
First floor of the forge before construction works, 2012

4
Réalisation des nouveaux planchers et conservation des poutres de plancher et colonnes d'origine de la forge /
Construction of the new floors and conservation of original floor beams and columns of the original forge

1
Création du vide central et nouvel escalier en béton (centre du foyer pédagogique) / Creation of the central space and new concrete staircase (centre of the hallway)

2

3

4

5

2
Intérieur du pavillon du treuil, avant isolation intérieure, 2014 /
Interior of the winch pavillion before interior insulation, 2014

3
Fondation et tracé de la ligne du treuil /
Foundation and tracing of the winch line

4
Façade de la forge côté cour intérieure, la triple porte correspond au travail du maréchal-ferrant /
Façade of the forge on the courtyard side, the triple door indicates work by the blacksmith

5
Façade du pavillon du treuil côté cour, 2012 /
Façade of the winch pavillion on the courtyard side, 2012

1

2

3

4

5

1
Nouvelle cloison et bloc sanitaire en ossature bois / New partition and wooden bathroom unit

2, 3, 4
Nouveaux châssis à coupure thermique posés en applique côté intérieur / New windowframes with thermal break installed on the inside

5
Nouveaux châssis à coupure thermique posés en applique côté intérieur et conservation des anciens châssis en fonte / New thermal break windowframes installed on the inside and conservation of the old cast-iron windows

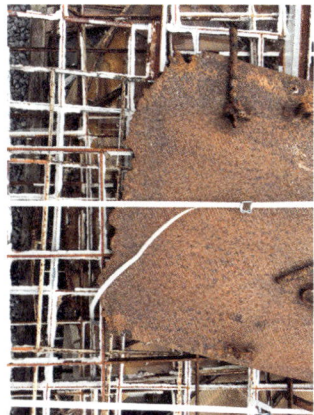

6
Démontage ancien châssis métalliques trop fragile pour être restaurés /
Dismantling of old metal frames too fragile to be restored

7
Démontage ancien châssis en fonte à restaurer /
Dismantling of old cast-iron frame to be restored

8
Intérieur de la menuiserie avant la pose de la cloison de doublage /
Interior of the joinery before the lining partition was installed

D

AVANT / BEFORE

MAGASIN À CLOUS ET À HUILE, NOUVEAUX ATELIERS / NAIL AND OIL STORE, NEW WORKSHOPS

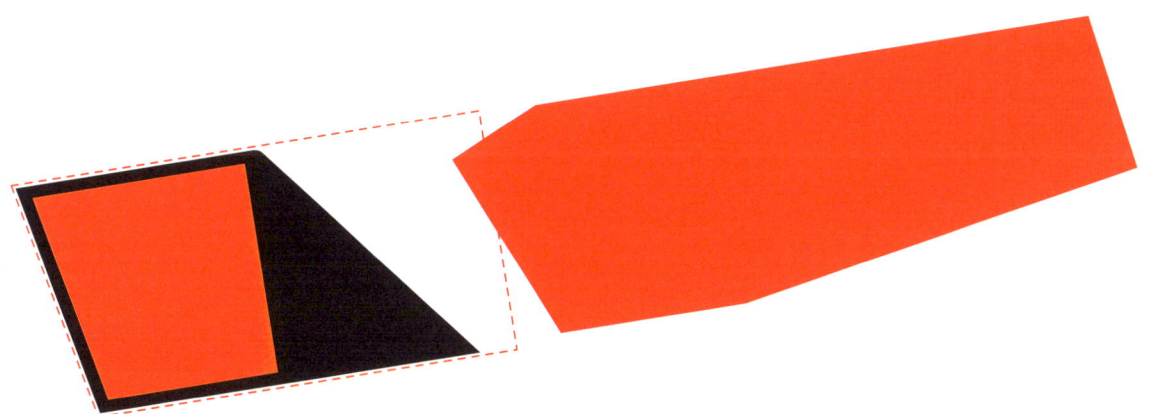

APRÈS / AFTER

D Plan rez-de-chaussée / Ground floor plan 190

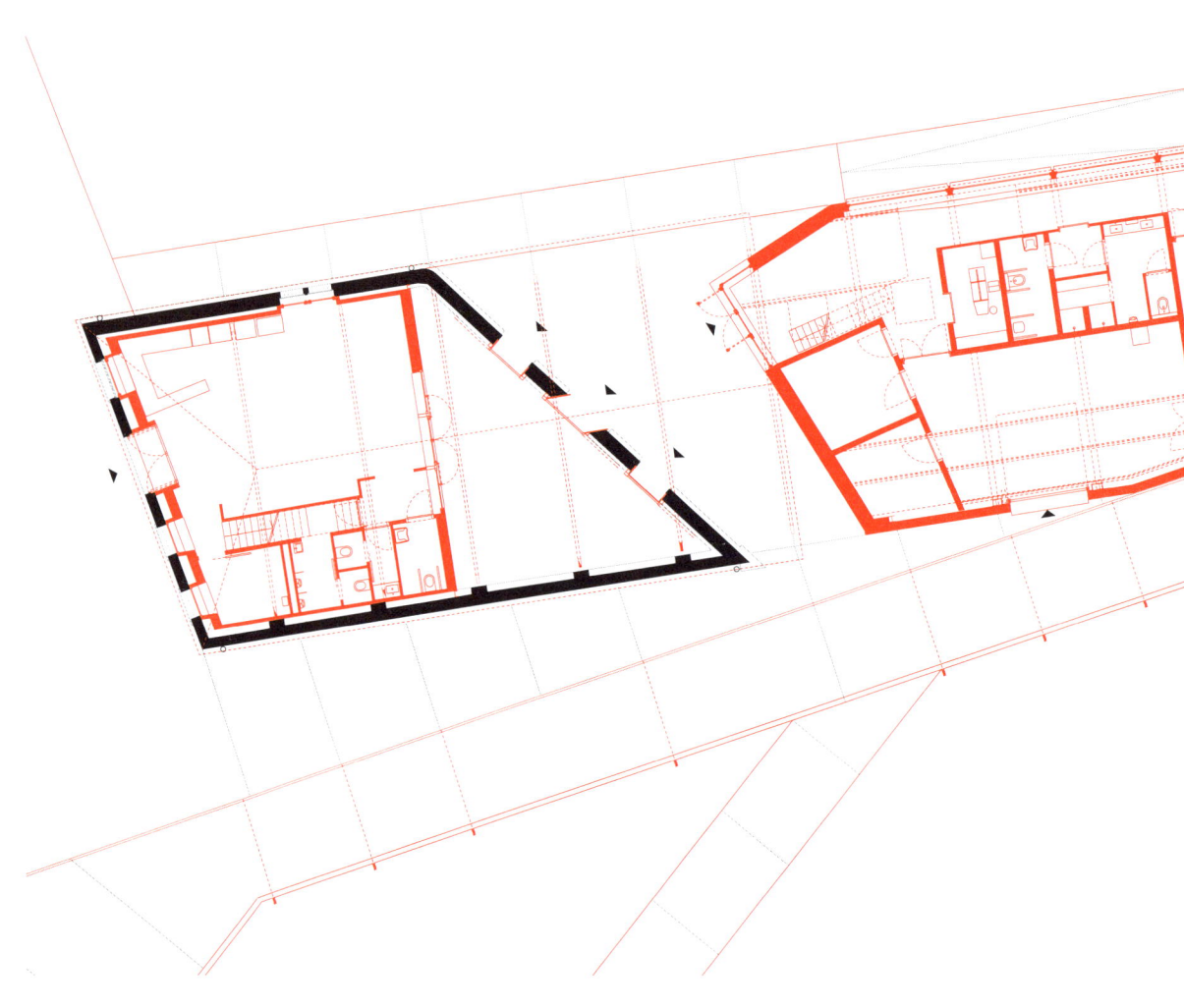

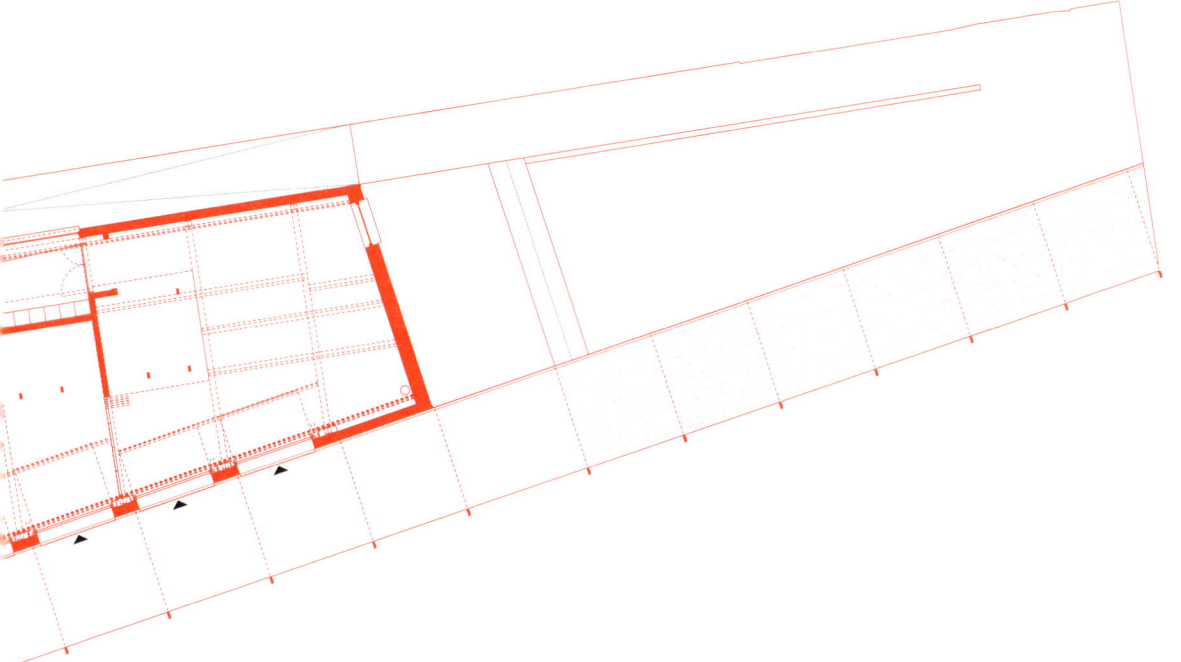

D · Coupes et élévations / Sections and elevations · 192

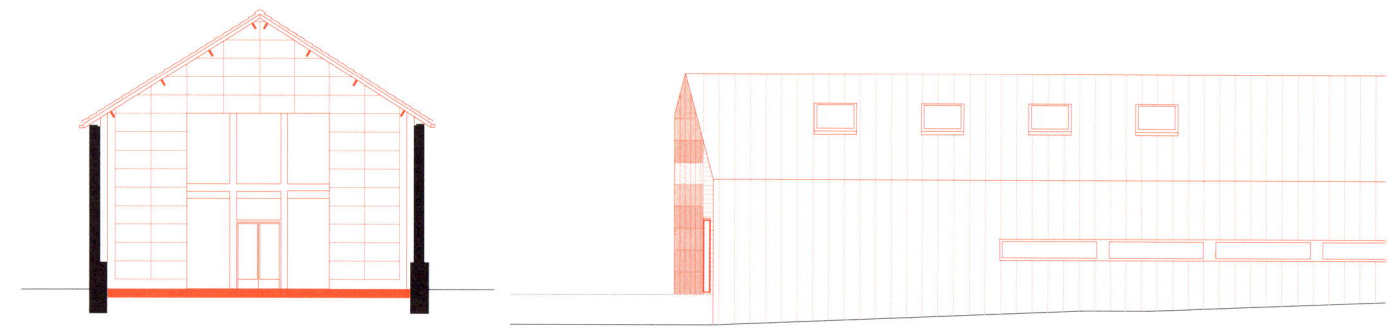

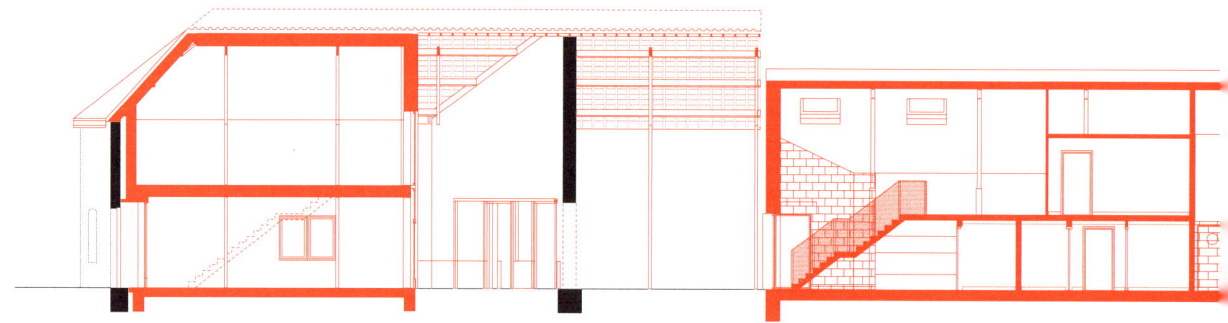

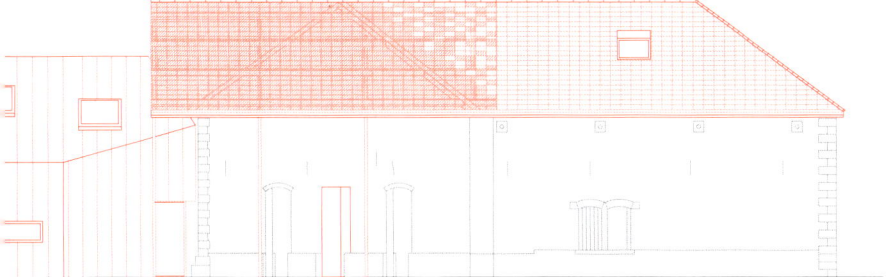

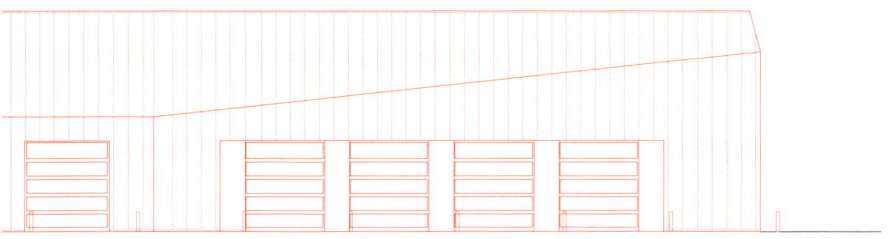

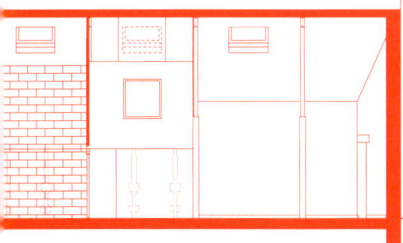

D 194

1

3

2

4

5

**SUPERFICIE BRUTE /
GROSS AREA → 720 m²**

**DATE DE CONSTRUCTION /
CONSTRUCTION DATE**
Seconde moitié du XIXe siècle /
Second half of the 19th century

**TRAVAUX DE RESTAURATION (PHASE 2)
ET NOUVELLE CONSTRUCTION /
RESTORATION WORKS (PHASE 2)
AND NEW CONSTRUCTION → 2017-2021**

**USAGES PRÉCÉDENTS /
PREVIOUS USES**
Magasin à clous et emplacement
de l'ancien trou comblé /
Nail store and location of the former
hole now filled in

**USAGES ACTUELS /
CURRENT USE**
Cafétéria, préau intérieur/extérieur,
nouveaux ateliers équipés pour le travail de
la pierre, comportant 8 postes de travail
entièrement équipés (électricité, chauffage,
air comprimé), une infirmerie, deux locaux
pour les formateurs, des vestiaires et
sanitaires et des locaux d'entrepôt /
Cafeteria, inside/outside of the covered
courtyard, new equipped workshops for
stonework, with 8 fully equipped worksta-
tions (electricity, heating, compressed air),
an infirmary, two teachers rooms, changing
rooms, bathrooms, and storage area

1
Façades du magasin à clous 2012; traces des accroches de machinerie et installation électrique /
Façades of the nail shop, 2012; traces of the hangings of machinery and electrical electrical installation

2
Intérieur du magasin à clous, 2012 /
Interior of the nail store, 2012

3
Pierre d'angle en biseau /
Bevelled corner stone

4
Maçonnerie d'angle en biseau /
Bevelled corner masonry

5
Démontage de la toiture, 2014 /
Dismantling of the roofing, 2014

1, 2
Nouveau complexe de la toiture des préaux, transition progressive d'un toit en tuiles de terre cuite vers un toit en tuiles de verre /
New roofing of the courtyard covers, gradual transition from a clay tile roof to a glass tile roof

3
Quelques tuiles de verres étaient déjà présentes à l'origine /
Some glass tiles were already there in place

4

5

4, 5
Nouvelle structure métallique en acier galvanisé, indépendante des murs existants / New steel structure in galvanized steel, independent from the existing walls

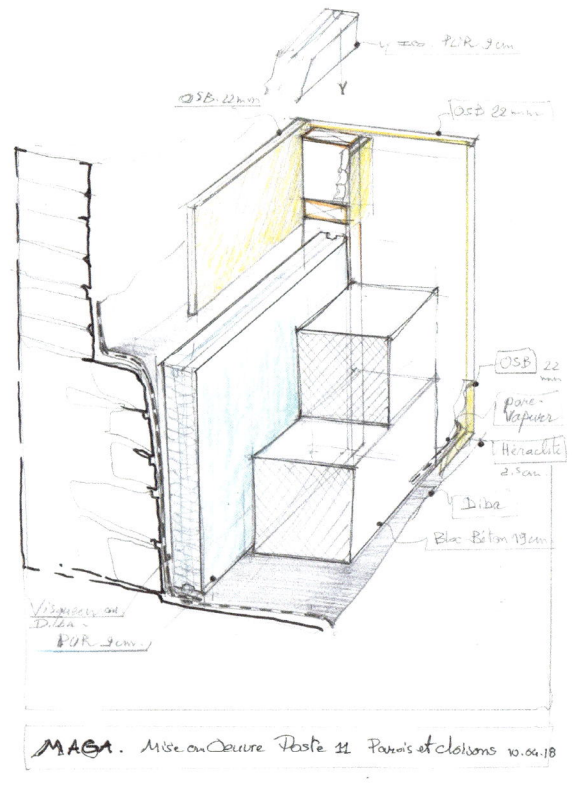

1
Murs laissés apparents du préau intérieur /
Inner courtyard walls left exposed

2
Isolation par l'intérieur /
Interior insulation

3
Façade arrière coupée en biseau en bordure de l'ancien trou /
Rear facade bevelled at the edge of the former hole

4
Isolation par l'intérieur dans la nouvelle cafétéria (dans magasin à clous) selon le principe de la boîte dans la boîte, respectant la réglementation sur la Performance Énergétique des Bâtiments (PEB), alors que la réglementation permet des dérogations pour les bâtiments classés © Patrick Bribosia /
Insulation of the interior walls of the new cafeteria (in the nail store) on the box-in-a-box principle,

following Building and Energy Performance regulations (EPB), which grants exemptions for listed buildings
© Patrick Bribosia

5, 6, 7
Structure métallique des nouveaux ateliers / Steel structure for the new workshops

1
Ossature en bois avant la pose du revêtement de zinc à joint debout / Wooden frame before the upright zinc cladding was fitted

2
Articulation entre l'ancien et le nouveau se fait par l'intermédiaire du préau en tuiles de verre qui surplombe le nouveau volume /
The articulation between old and new is achieved by means of the glass-tiled courtyard which overhangs the new volume

1, 2
Revêtement du pignon nord en pierres provenant des bassins carriers wallons: des pierres de moellons sont assemblées à l'image d'un mur en pierre sèche /
Cladding of the north gable with stones from Walloon quarries: rubble is assembled in the same way as a dry stone wall

3

4

3, 4
Revêtement du pignon sud en pierres provenant des bassins carriers wallons: des plaques et croutes de différentes natures sont positionnées côte à côte avec des finitions différentes illustrant la gamme wallonne / Cladding of the south gable in stone from Walloon quarries: different slabs and stones are placed side by side. The wide range of finishes illustrates the different stones available in Wallonia

E

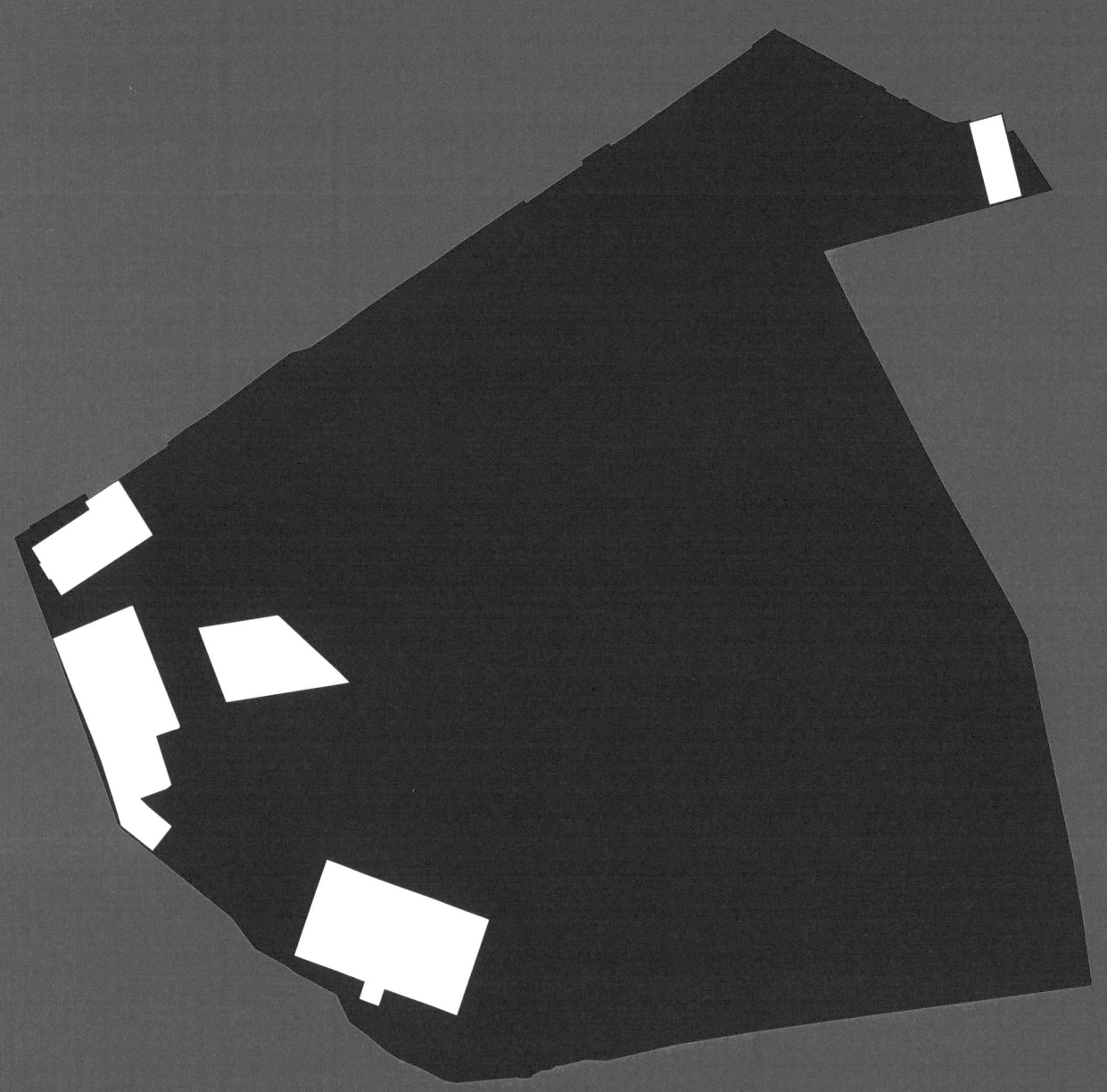

AVANT / BEFORE

ABORDS / SITE

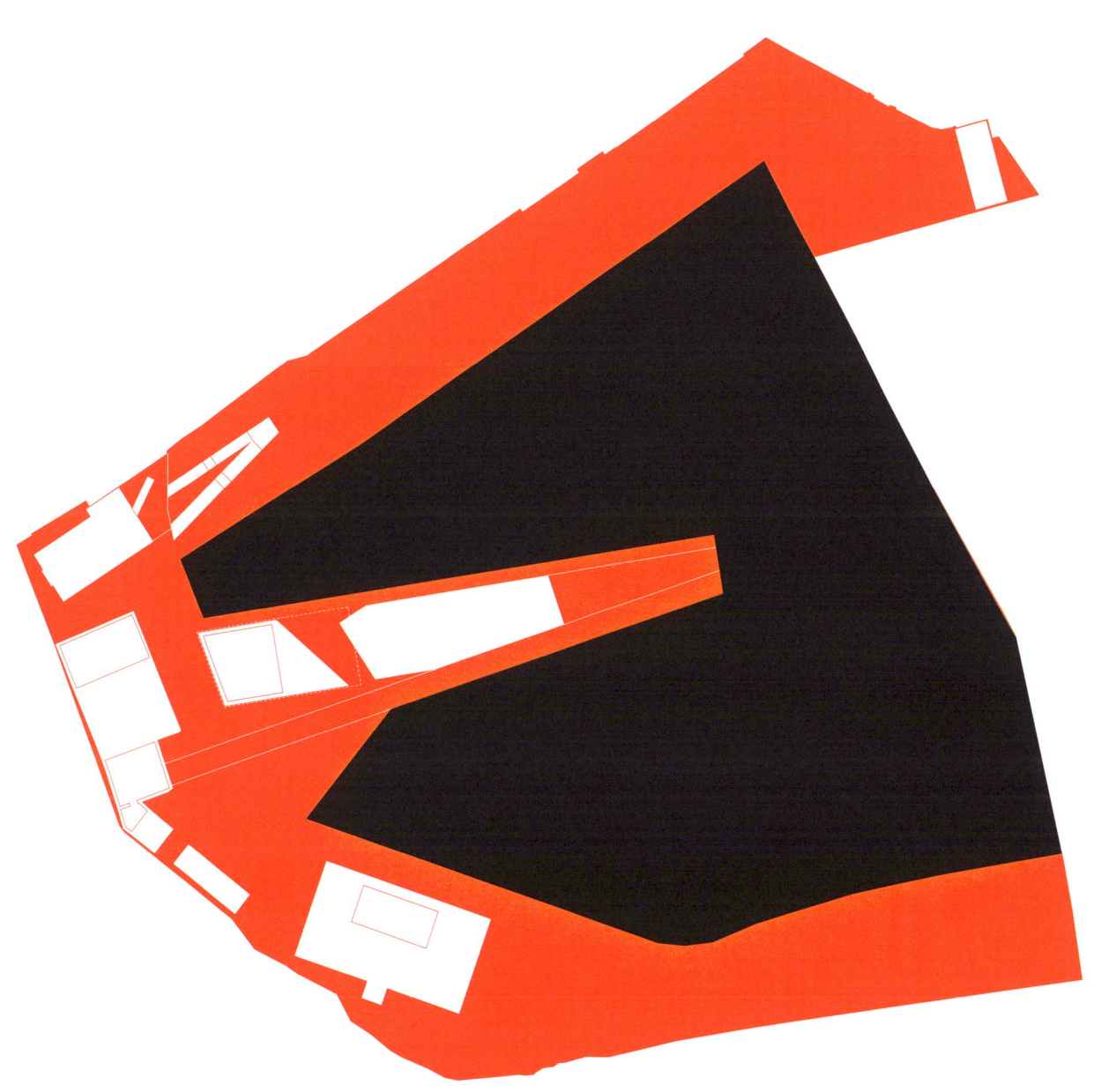

APRÈS / AFTER

Implantation et plan toiture /
Position and plan of the roof structure

E
208

1, 2, 3
Visite de l'immense siège d'extraction de la carrière Gauthier-Wincqz (actuellement carrière de la Pierre bleue belge), pont roulant /
Visit to the immense extraction site of the Gauthier-Wincqz quarry (currently known as the Carrière de la Pierre Bleue Belge), travelling crane

4
Entretien avec un ancien tailleur de pierre habitant rue Mademoiselle Hanicq /
Conversation with a former stonecutter living on rue Mademoiselle Hanicq

5, 6, 7
Le site lors de notre première visite, 2012 /
The site at the time of our first visit, 2012

8
Recherche des pierres de fondation de l'ancien moulin d'exhaure /
Looking for the foundation stones stones of the old water mill

9
Ancienne locomotive située rue Mademoiselle Hanicq /
Old locomotive located in rue Mademoiselle Hanicq

E

1

2

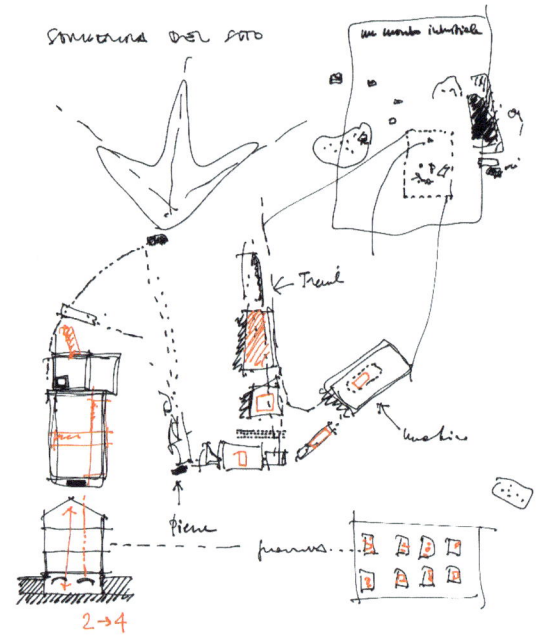

3

4

1
Maquette d'étude
du site et de ses abords
© Isabelle Toussaint /
Study model of the site
and its surroundings
© Isabelle Toussaint

2
Aménagement
des abords /
Development of the
surroundings

3
Croquis de la phase
d'esquisse
© Matteo Robiglio /
Sketches from
the draft phase
© Matteo Robiglio

4
Restauration de l'ancienne
remise à locomotive /
Restoration of the old
locomotive shed

5

6

7

5, 6
Tracé des lignes directrices du site /
Tracing of the guiding lines of the site

7
Photos de chantier prises par drone, 2018
© Benoît Lemmens, Pôle de la Pierre /
Construction site photos taken by drone, 2018
© Benoît Lemmens, Pôle de la Pierre

Équipe du projet / Project team

AUTEURS DE PROJET /
PROJECT AUTHORS
TRA_Toussaint Robiglio Architetti
(Turin, Italie) en association momentanée
avec PAT_Atelier d'Architecture Patrick
Bribosia

COLLABORATEURS /
ASSOCIATES
Andrea Pera, Alessio Migliasso, Andrea
Orellana, Anna Silenzi, Giacomo Mulas,
Monica Naso (TRA_Toussaint Robiglio
Architetti)

BUREAUX D'ÉTUDES /
DESIGN OFFICES
BEL (Bureau d'Étude Lemaire), structure :
(Olivier Delansheere – BEL), techniques
spéciales (Charles Limbourg BEL), PEB
(Alix Jossa BEL)

CLIENT, MAÎTRE D'OUVRAGE /
CLIENT, CONTRACTING AUTHORITY
Depuis le 1er janvier 2018, les services
de l'Institut du patrimoine wallon (IPW)
et du département du patrimoine du Service
public de Wallonie (SPW) sont réunis pour
former l'Agence wallonne du patrimoine
(AWaP) au sein du SPW /
In 1 January 2018, the Walloon Heritage
Institute (IPW) and the Wallonia Public
Services (SPW) heritage department merged
to form the Walloon Heritage Agency (AWaP),
under the Wallonia Public Services (SPW).

GESTIONNAIRES DE DOSSIER (AWaP),
CLIENT, MAÎTRE D'OUVRAGE (AWaP) /
CASE MANAGERS (AWaP),
CLIENT, CONTRACTING AUTHORITY
(AWaP)
Yannic Sarre

FONCTIONNAIRES DIRIGEANTS (AWaP) /
EXECUTIVE OFFICIALS (AWaP)
Sébastien Mainil (phase 1),
Aurore De Bruyn (phase 2)

PERSONNEL (AWaP) /
STAFF MEMBERS (AWaP)
Christine Cayphas & Thierry Tauraud

PARTENAIRES PUBLICS /
PUBLIC SECTOR PARTNERS
– DGO4 – Département du Patrimoine
(Restauration, Archéologie, Protection)
et Direction extérieure, service du
Fonctionnaire délégué
– Commission Royale des Monuments Sites
et Fouilles (CRMSF)
– Ville de Soignies

ENTREPRISES /
COMPANIES
Lixon SA (EG), Monument Hainaut SA (EG2)
et Francovera (EG3) pour la phase 1. SM Lixon
– Monument Hainaut SA (lot I), Monument
Hainaut SA (lot II), LIxon SA (lot V), EGF sprl
(lot III), Sanideal sprl (lot IV) pour la phase 2

Montant des travaux /
Total cost of the work
7 millions d'euros /
7 million euros

Surface totale bâtiments /
Total surface area of buildings
2,200 m^2

Surface totale site /
Total area of the site
15,700 m^2

Date appel à candidature /
Date of the call for tender
2011

Date de début des travaux /
Start date of the works
2014

Date de fin des travaux, réception définitive /
Date of completion of the work, final acceptance
2021

Types de documents /
Document types
Photographies de chantier /
Photographs of the site
Isabelle Toussaint
© TRA_Toussaint Robiglio Architetti
Plans, illustrations : Jovan Minic

©Fabio Oggero ©C. Ducarreau